Weltall, Erde, Mensch

Am byzantinischen Hof wirkte im 11. Jahrhundert der gelehrte Symeon Seth. Wir verdanken ihm ein Buch zur Ernährungskunde (*Das A und O vom Essen und Trinken*) und die griechische Version eines alten indischen, über die arabische Welt nach Byzanz gekommenen *Fabelbuchs* sowie kleinere Schriften, vor allem aber eine *Naturkunde*. Diese Schrift behandelt Weltall, Erde und Mensch und fasst das naturkundliche Wissen ihrer Zeit kompakt zusammen. Die *Naturkunde* des Symeon Seth wird hier erstmals zweisprachig präsentiert.

OPUSCULA

13

In der Reihe OPUSCULA sind bisher erschienen:

Bd. 1: Julian Apostata: Rede zu Ehren der Kaiserin Eusebia (2021)
ISBN 978-3-939526-44-5

Bd. 2: Symeon Seth: Fabelbuch (2021)
ISBN 978-3-939526-46-9

Bd. 3: Periplus Maris Erythraei (2021, [2]2023)
ISBN 978-3-939526-47-6

Bd. 4: Plutarch: De fluviis (2022)
ISBN 978-3-939526-50-6

Bd. 5: Arrianos / Anonymus: Periplus Ponti Euxini (2022, [2]2023)
ISBN 978-3-939526-51-3

Bd. 6: Plutarch: Freunde und Feinde (2023)
ISBN 978-3-939526-53-7

Bd. 7: Cassius Iatrosophista: Fragen und Antworten zur Medizin (2023)
ISBN 978-3-939526-55-1

Bd. 8: Apuleius: Amor und Psyche (2023)
ISBN 978-3-939526-56-8

Bd. 9: Antigonos: Sammlung sonderbarer Geschichten (2023)
ISBN 978-3-939526-57-5

Bd. 10: Aristoteles / Psellos: Wundersame Hörstücke (2023)
ISBN 978-3-939526-60-5

Bd. 11: Patria von Konstantinopel (2023)
ISBN 978-3-939526-62-9

Bd. 12: Die Passio von Perpetua und Felicitas (2023)
ISBN 978-3-939526-64-3

Symeon Seth

Weltall, Erde, Mensch

ΣΥΝΟΨΙΣ ΤΩΝ ΦΥΣΙΚΩΝ

NATURKUNDE

Zweisprachige Ausgabe
von Kai Brodersen

Kartoffeldruck-Verlag
Speyer 2023

Bibliografische Information der Deutschen Nationalbibliothek

Die Deutsche Nationalbibliothek verzeichnet diese Publikation in der Deutschen Nationalbibliografie; detaillierte bibliografische Daten sind im Internet über http://dnb.d-nb.de abrufbar.

Der Kartoffeldruck-Verlag publiziert zum reinen Selbstkostenpreis Bücher, die in jeder Buchhandlung bestellt werden können – insbesondere für Expertinnen und Experten in Altertumswissenschaft und Schule.

2023

www.kartoffeldruck-verlag.de
ISBN 978-3-939526-67-4

Inhaltsverzeichnis

Einführung

Weltall, Erde, Mensch

1954 erschien in Berlin erstmals *Weltall, Erde, Mensch* – ein Buch, das in den nächsten 22 Jahren alljährliche Neuausgaben erleben sollte und mit einer Gesamtauflage von rund vier Millionen Exemplaren als »das am weitesten verbreitete Druckwerk der DDR« gilt (Wolle 2005, 98). Das Buch wurde vom *Zentralausschuß für Jugendweihe in der DDR* den Jugendlichen anlässlich dieser Feier überreicht. In Ostdeutschland steht deshalb in vielen Haushalten ein Exemplar von *Weltall, Erde, Mensch*.

In der ersten Ausgabe preisen Geleitworte von Walter Ulbricht (1893–1973) als dem Stellvertreter des Ministerpräsidenten und Erich Honecker (1912–1994) als dem Vorsitzendem des Zentralrats der *Freien Deutschen Jugend* das Werk, da es »auf leichtverständliche Weise ... in das Wesen der materiellen Welt einzudringen« erlaube. Im ersten, mit Goethe-Zitaten geschmückten Beitrag schreibt Robert Havemann (1910–1982; er sollte übrigens später aus der *Akademie der Wissenschaften der DDR* ausgeschlossen werden): »In diesem unersättlichen Streben nach Erkenntnis der Natur gestaltete sich der Mensch kraft seiner Vorstellung ein allgemeines Weltbild, eine zusammenhängende Vorstellung von allen Dingen, die auch auf Fragen Antwort verheißt, die noch voller Rätsel sind.« (1954, 8).

Den Titel *Weltall, Erde, Mensch* auch für die Σύνοψις τῶν φυσικῶν des Symeon Seth zu nutzen ist – dies sei sogleich eingeräumt – frech. Die Grundidee aber, allgemeinverständlich über die zeitgenössischen Ansichten zur Naturkunde zu informieren und die Darlegung mit Klassikerzitaten zu schmücken, trifft, wie zu sehen sein wird, auch auf Symeon Seth zu.

In der zweiten Hälfte des 11. Jh.s herrschten in Konstantinopel (Byzanz, heute Istanbul) – um nur die wichtigsten Kaiser zu nennen – 1057–1059 Isaak I. Komnenos, 1059–1067 Konstantinos X. Dukas, 1067–1078 Michael VII. Dukas und dann 1081–1118 Alexios I. Komnenos.

In diese Zeit fällt das Wirken des Symeon Seth. Über seine Biographie sind wir, da von ihm keine Briefe überliefert sind, fast ausschließlich durch seine Werke informiert, die dank späterer Abschriften erhalten geblieben sind. Darin wird er meist als ein aus Antiocheia (heute Antakya) stammender Gelehrter genannt und mit den Titeln *magistros* (Lehrer) und *vestes* (einem niedrig-rangigen Hoftitel) bezeichnet.

In seiner *Naturkunde* (49) erwähnt Symeon Seth eine Sonnenfinsternis, die man mit einem für den 25. Februar 1058 (oder aber mit einem für den 15. Februar 1059), also unter Isaak I. bezeugten Himmelsereignis gleichsetzen kann (Schroeter 1923, 35 Nr. 106 oder 107). Aus diesem *terminus post quem* ergibt sich eine Datierung des Werks und damit auch seines Autors. Die *Ernährungskunde* wiederum ist Michael VII. gewidmet, das *Fabelbuch* auf Geheiß des Alexios I. entstanden.

Anna Komnene, die Tochter des letztgenannten Kaisers, beschreibt in ihrem Geschichtswerk *Alexias* die politische und militärische Geschichte des Byzantinischen Reiches von den ersten Erfolgen ihres Vaters (unter Michael VII.) bis zu seinem Tod als Kaiser. Sie erwähnt darin Symeon als einen sternenkundigen *mathematikos*, der den Tod des Robert Guiscard am 17. Juli 1085 auf den Tag genau korrekt vorhergesagt habe (*Alexias* 6,7,1 und 4). Zwischen 1058/59 und 1085 ist das Wirken des Symeon Seth also nachweisbar.

Später scheint Symeon Seth am Hof zumindest zeitweise in Ungnade gefallen zu sein und in Rhaidestos (Bisanthe, heute Tekirdağ) am Marmarameer gewohnt zu haben. Jedenfalls erwähnt das *Typikon* (die Klosterregel) des dortigen Pantokrator-Klosters von 1136 ein »Haus des Seth«.

Keines der erhaltenen Werke und auch sonst kein Zeugnis legen hingegen nahe, dass Symeon Seth Arzt war, was oft zu lesen und sogar in Lexika eingegangen ist. Auch die häufig wiederholte Angabe, Symeon Seth sei Jude gewesen, findet in den erhaltenen Belegen keinen Anhalt – vielmehr nimmt der Autor in der *Naturkunde* wiederholt (22, 49) auf die Passion Christi Bezug.

Symeon Seth war also ein aus Antiocheia stammender christlicher Gelehrter des späteren 11. Jh.s n. Chr., der am byzantinischen Hof eine eher bescheidene Karriere machte und wegen seiner naturkundlichen, insbesondere astronomischen (und damit auch astrologischen) Kenntnisse geschätzt wurde.

Ernährungskunde

Heute ist Symeon Seth vor allem durch drei Werke bekannt, die schon im Mittelalter häufig abgeschrieben und erweitert wurden: seine *Ernährungskunde*, sein *Fabelbuch* und seine *Naturkunde*; letztere wird im vorliegenden Band präsentiert.

Mit einer Widmung für Michael VII. Dukas (s. o.) kann die *Ernährungskunde* mit dem Titel »Sammlung in alphabetischer Reihenfolge über Eigenschaften von Lebensmitteln« als das erste zumindest grob datierbare erhaltene Werk des Symeon Seth gelten. Es ist vielleicht eine Überarbeitung älterer Bücher, namentlich des Aëtios von Amida (6. Jh. n. Chr.) und des Michael Psellos (11. Jh. n. Chr.). Aus griechischen, arabischen und indischen Quellen (so das Vorwort zu dem Werk) stellte der Autor Nahrungs- und Genussmittel sowie deren Wirkung auf den Körper vor; insgesamt bietet das Werk über 150 Kapitel.

Symeon Seth zeigt sich in dieser Arbeit als der theoretischen Grundlagen bewusst, doch bietet er vor allem praktische Hinweise. Eine der häufiger genutzten Grundlagen ist dabei ein Werk des einflussreichen griechisch-römischen Arztes Galenos von Pergamon (2./3. Jh. n. Chr.): *Über*

Mischungsverhältnis und Eigenschaft einfacher Medikamente in 11 Büchern (bekannt unter seinem latinisierten Titel *De simplicium medicamentorum temperamentis et facultatibus libri XI*). Doch haben in mehr als der Hälfte der Fälle die Angaben zu den Eigenschaften von einfachen Wirkstoffen in der griechischen medizinischen und pharmakologischen Literatur keine Vorlagen. Meistens kann man hier aber entsprechende Aussagen bei arabischen Ärzten finden, deren Werke der Autor demnach benutzt haben wird. Symeon Seth hat also ganz offenbar sowohl griechische als auch arabische Vorlagen ausgewertet. Damit erweist sich Symeon Seth in seiner *Ernährungskunde* als Vermittler zwischen der arabischen und der byzantinisch-europäischen Welt.

Die *Ernährungskunde* fand durch handschriftliche Kopien (der Buchdruck war ja noch nicht erfunden) rasch weite Verbreitung: Die Datenbank *Pinakes* verzeichnet über 80 erhaltene mittelalterliche Abschriften der *Ernährungskunde* – eine große Zahl gerade im Vergleich zu anderen nicht-theologischen griechischen Werken und damit ein Beleg für den Erfolg des Buchs.

Fabelbuch

Etwas jünger als die *Ernährungskunde* ist das *Fabelbuch*, das Symeon Seth auf Geheiß des Kaisers Alexios I. (s. o.) schuf. Das Werk, das den Titel *Stephanites und Ichnelates* trägt, macht ein aus dem »Orient« stammendes Tierfabelbuch in griechischer Übersetzung zugänglich: Zwei Tiere, Kalila (griechisch Stephanites) und Dimna (Ichnelates), zeigen hier in mehrfach verschachtelten Fabeln Wege zu einem gelingenden Miteinander auf. Letztlich geht die Version des Symeon Seth auf eine alte, einem Bidpai zugeschriebene Version des indischen *Pañkatantra* zurück. Diese wurde im 6. Jh. in das Mittelpersische, daraus in das Syrische und im 8. Jh. unter dem Titel *Kalīla wa-Dimna* (»Kalila und Dimna«) in das Arabische übertragen.

In dieser Fassung wurde das Fabelbuch bald in der ganzen islamischen Welt und von dort aus auch im nichtislamischen Europa verbreitet. Ins Griechische wurde *Kalīla wa-Dimna* (mindestens) zweimal übersetzt: Eine erste Teilübersetzung findet sich nur im *Codex Pierpont Morgan* 397 aus dem 10./11. Jh., der aus dem Kloster Grottaferrata bei Rom stammt und heute in New York bewahrt wird. Eine zweite und umfassendere Übersetzung, eben die des Symeon Seth, wurde hingegen vielfach abgeschrieben und auch umgearbeitet: Die schon genannte Datenbank *Pinakes* verzeichnet über 40 erhaltene mittelalterliche Exemplare.

Das *Fabelbuch* wurde bald auch ins Hebräische, Altspanische und Lateinische übersetzt und so im gesamten Mittelmeerraum und im westlichen Europa rezipiert. In der um 1480 von Anton von Pforr (†1483) erarbeiteten Übersetzung ins Deutsche (*Bůch der byspel der alten wysen*) war es bis in die frühe Neuzeit vielgelesen. So ist das von Symeon Seth ins Griechische übersetzte *Fabelbuch* wie sonst vielleicht nur *Tausendundeine Nacht* »diejenige orientalische Erzählsammlung, die auf Europa den größten Einfluss hatte« (Grotzfeld u. a. 1993, 888).

Kleinere Schriften

In nur einer Abschrift erhalten ist eine Gegenrede (*Antirrhetikos*) des Symeon Seth gegen Galenos (s. o.). In diesem kurzen Werk setzt sich Symeon Seth kritisch mit Positionen des großen Mediziners auseinander.

Verloren ist das in der *Naturkunde* (45) genannte astronomische Werk; dem Symeon Seth zugeschrieben wird aber eine kurze Schrift *Über den Nutzen der Himmelskörper*. Separat ediert wurde ferner eine Schrift des Symeon Seth *Über Geruch, Geschmack und Tastsinn* (latinisiert *De odoratu, de gustatu et de tactu*; ed. Ideler 1842, 283–285). Es handelt sich dabei aber bloß um eine Fassung der Abschnitte 77–82 der *Naturkunde*.

Sicher von Symeon Seth verfasst ist die *Naturkundliche Zusammenschau* (σύνοψις τῶν φυσικῶν) in fünf Büchern. In dieser *Naturkunde* behandelt nach einem Prooimion das erste Buch die Erde, das zweite die Elemente, das dritte das Weltall und die Sterne, das vierte Materie, Form, Natur und Seele und das fünfte schließlich die letzte Ursache und die göttliche Vorsehung.

Gleich zu Beginn seiner Schrift setzt Symeon Seth sein Vorgehen von dem des griechischen Gelehrten Plutarchos von Chaironeia (um 45 – um 125 n. Chr.) ab; tatsächlich ist unter dessen Namen ein Werk Περὶ τῶν ἀρεσκόντων φιλοσόφοις φυσικῶν δογμάτων (latinisiert *Placita Philosophorum*) bekannt und erhalten. Wie jener Autor, aber kompakter und in systematischerer Darlegung referiert Symeon Seth philosophische Lehrmeinungen der großen antiken Philosophen Platon aus Athen (428/7–348/7 v. Chr.) und Aristoteles aus Stageira (384–322 v. Chr.) sowie Arbeiten von deren Kommentatoren: zu Platon Werke des Proklos (412–485 n. Chr.), zu Aristoteles Werke des Simplikios von Kilikien (um 480 – um 460 n. Chr.) und des Johannes Philoponos (um 490 – um 575 n. Chr.). Ferner gibt Symeon Seth Positionen der Stoiker, des neuplatonischen Philosophen Plotinos (205–270 n. Chr.) und des Stephanos von Alexandreia (6./7. Jh. n. Chr.) wieder. Zur Naturkunde zitiert er den Physiker Eukleides (Euklid, 3. Jh. v. Chr.) und den Astronomen und Mathematiker Claudius Ptolemaios (2. Jh. n. Chr.) sowie »die Theologenzunge« (65) Gregorios von Nazianzos (Gregor von Nazianz, 329–390 n. Chr.). Und nicht zuletzt zitiert er (wie viel später Havemann aus Goethe; s. o. S. 7) aus der *Ilias* des ältesten und bedeutendsten griechischen Dichters, Homer (um 700 v. Chr.).

Nur selten konfrontiert Symeon Seth seine naturkundlichen Erkenntnisse mit Angaben der christlichen Lehre, so zum weltweiten Erdbeben und zur Sonnenfinsternis bei der Kreuzigung Jesu (22 und 49). Er markiert die neutestament-

liche Überlieferung zur Passion Christi dann jeweils als Ausnahme zur naturkundlichen Regel.

Insgesamt eröffnet Symeon Seth mit seinem kompakten Werk einen umfassenden Blick auf Weltall, Erde und Mensch. Von seiner Verbreitung zeugen (laut der schon genannten Datenbank *Pinakes*) über 80 erhaltene Abschriften. Im 18. Jh. wurde der Text dann zu Schulzwecken von Markos Porphyropoulos, der an der Schule des Klosters des Hl. Sava in Bukarest tätig war, ins Neugriechische übertragen; diese Version ist im Autograph (im Metochion des Hl. Grabes in Konstantinopel, Ms. 315) und in einer zeitgenössischen Abschrift im Kloster Pantaleimon auf dem Berg Athos (Ms. 250 / 5757) erhalten.

Eine Erstedition der Bücher 1–3 unter dem Titel Ἐπιλύσεις σύντομοι φυσικῶν ζητημάτων (*Solutiones breves quaestionum naturalium*) als Werk des Michael Psellos, dessen Schriften Symeon Seth (wie in seiner *Ernährungskunde*) hier vielleicht herangezogen hatte, hat Gottfried Seebode (1792–1868) in zwei Teilen publiziert: das erste Buch in einem Schulprogramm 1840, das zweite und dritte in einer Festschrift 1857. Diese Ausgaben wurden 1889 auch in die *Patrologia Graeca* (PG 122, 783–810) übernommen. 1842 hatte überdies Julius Ludwig Ideler (1809–1842) wenige Teile des zweiten Buchs (77–82) ediert (s. o. S. 11). Eine kritische Ausgabe aller fünf Bücher der *Naturkunde* hat erstmals 1939 auf der Grundlage von 16 erhaltenen Abschriften Armand Delatte (1886–1964) im zweiten Band seiner *Anecdota Atheniensia et alia* herausgebracht.

Delattes Edition ist Grundlage der vorliegenden zweisprachigen Ausgabe. In die Übersetzung sind die moderne Einteilung in Abschnitte, knappe Erläuterungen und Fundstellen für Zitate und Anspielungen in runden Klammern eingefügt; moderne Ausgaben dieser Vorlagen sind im Anhang zusammengestellt.

So möchte der Band das von Symeon Seth zusammengestellte byzantinische Wissen über *Weltall, Erde, Mensch* erstmals zweisprachig zugänglich machen.

ΣΥΜΕΩΝ ΜΑΓΙΣΤΡΟΥ ΤΟΥ ΣΗΘ

ΣΥΝΟΨΙΣ ΤΩΝ ΦΥΣΙΚΩΝ

MAGISTER SYMEON SETH

ZUSAMMENSCHAU DER NATURKUNDE

(1) ὁ μὲν Πλούταρχος, ὦ μέγιστε καὶ θειότατε βασιλεῦ, διαφόρους δόξας ἀπαριθμούμενος καὶ τὴν ἀληθῆ μὴ ἀποδεικνύων καὶ πιστούμενος συγχέει μᾶλλον τὸν λογισμὸν καὶ ἀπορεῖν παρασκευάζει ἢ εἰς ἐπίστασιν ἄγει· τὸν δὲ μέλλοντα ἐπὶ τὴν γνῶσιν ἰέναι τῶν ὄντων δεῖ μετὰ ἀποδείξεως ἕκαστον διαγνῶναι ἀπὸ τῶν αἰσθητῶν ἀρχόμενον καὶ ὁδῷ προιόντα ἐπ' αὐτὴν ἀνιέναι τὴν τῶν ὅλων ἀρχήν. καὶ διὰ τοῦτο ἐν τῷ παρόντι συγγράμματι ἑτέραν ἐτραπόμην τούτῳ ὁδόν.

καὶ πρότερον μὲν ἐκ τῶν ἐσχάτων ἀρχόμενος ἀποδείξω περὶ τῆς γῆς ἐν τῷ πρώτῳ λόγῳ ὅτι τυγχάνει σφαιροειδὴς καὶ ὅτι ἐν μέσῳ κεῖται τοῦ παντός· καὶ ὅσων σταδίων ἐστὶν ἡ περίμετρος αὐτῆς καὶ ὅσον καὶ οἷον μέρος αὐτῆς οἰκοῦμεν οἱ ἄνθρωποι καὶ πῶς τὰ ἑπτὰ κλίματα διαμεμέρισται καὶ μέχρι τίνος ἐν τῇ ἀνατολῇ οἰκοῦσιν οἱ ἄνθρωποι καὶ τί μὲν τὸ πέρας τῆς ἐν τῇ δύσει οἰκήσεως, τί δὲ τὸ ἐν τῷ βορρᾷ καὶ τί τὸ ἐν τῷ νότῳ.

(2) ἐν δὲ τῷ δευτέρῳ περί τε ὕδατος καὶ θαλάσσης καὶ ἀέρος καὶ πυρὸς καὶ ἀστραπῶν καὶ κεραυνῶν καὶ βροντῶν καὶ κομητῶν καὶ ὑετῶν καὶ χιόνος καὶ χαλάζης καὶ τῶν ὁμοίων. ἐν δὲ τῷ τρίτῳ περὶ τῶν οὐρανίων σωμάτων καὶ τῆς φύσεως αὐτῶν καὶ μεγέθους ἡλίου καὶ σελήνης καὶ κινήσεως ἀστέρων. ἐν δὲ τῷ τετάρτῳ περὶ ὕλης καὶ εἴδους καὶ φύσεως καὶ ψυχῆς καὶ νοῦ. ἐν δὲ τῷ πέμπτῳ περὶ τῆς πρώτης τῶν ὄντων αἰτίας.

Prooimion

(1) O bester und göttlichster König! Plutarchos, der (in seinen *Placita Philosophorum*) verschiedene Lehren aufgezählt, die Wahrheit aber nicht bewiesen hat, verwirrt in seiner Überzeugung eher die Vernunft und bereitet eher Unverständnis als dass er zum Verständnis führt. Jeder nämlich, der zur Erkenntnis des Seienden gelangen will, muss mit einer Beweisführung alles je für sich mit dem sinnlich Wahrnehmbaren beginnen und dann, auf diesem Weg fortschreitend, zum eigentlichen Ursprung aller Dinge hinaufschreiten. Deshalb habe ich in der vorliegenden Schrift einen anderen Weg (als Plutarchos) eingeschlagen.

Zuerst werde ich, vom Äußersten beginnend, über die Erde im ersten Buch beweisen, dass sie kugelförmig ist und in der Mitte des Weltalls liegt, dann auch, wie viele Stadien ihr Umfang misst, wie viel und welchen Teil von ihr und in welcher Art wir Menschen sie bewohnen, wie die sieben *Klimata* eingeteilt sind, bis wo im Osten die Menschen wohnen und was das äußerste Ende der Bewohnung im Westen ist, was im Norden und was im Süden.

(2) Im zweiten (Buch geht es) um Wasser, Meer, Luft, Feuer, Blitze, Gewitter, Donner, Kometen, Regen, Schnee, Hagel und dergleichen, im dritten um die Himmelskörper und ihre Natur, die Größen der Sonne und des Mondes und die Bewegung der Sterne, im vierten um Materie, Form, Natur, Seele und Verstand und im fünften um die erste Ursache der Seienden.

λόγος πρῶτος
περὶ τοῦ εἶναι τὴν γῆν σφαιροειδῆ

(3) περὶ τοῦ σφαιροειδοῦς σχήματος τῆς γῆς πολλαὶ ἀποδείξεις εἰσί, μάλιστα δὲ ὅτι ἐπιλάμπει ὁ ἥλιος τοῖς τῆς ἀνατολῆς μέρεσι πρότερον τῶν ἐν τῇ δύσει. καὶ διὰ τοῦτο προλαμβάνει ἀεὶ ἡ ἡμέρα παρά τε τοῖς Σίνοις καὶ τῇ Περσίδι καὶ τοῖς ἐκεῖσε ἔθνεσιν. ὅτε γάρ ἐστι μεσημβρία ἐν τοῖς Σίνοις, ἔστιν ἐνταῦθα πρωΐα καὶ ὅτε ἐστὶν ἐν τῇ Περσίδι ὥρα τετάρτη, ἔστιν ἐνταῦθα πρώτη καὶ ἀναλόγως τοῦ τῆς ἀνατολῆς καὶ τῆς δύσεως διαστήματος.

εἰ δέ τις εἴποι· καὶ πόθεν δῆλόν ἐστι τὸ τοιοῦτον καὶ ὅτι ἐπὶ τοσοῦτον διαφέρουσιν αἱ ὧραι ὡς ἔν τινι μὲν τόπῳ ἡμέραν εἶναι, ἐν ἑτέρῳ δὲ νύκτα καὶ τὰς ὥρας προλαμβάνειν καὶ ὑστερεῖν, ἴστω ὅτι φανερὸν τοῦτο γέγονεν ἐκ τῶν ἡλιακῶν καὶ σεληνιακῶν ἐκλείψεων. (4) ἐτηρήθη γὰρ ὅτι ὅτε γίνεται ἔκλειψις ἡλίου καθ' ὥραν τετάρτην ἐν τῇ Περσίδι, φαίνεται ἡμῖν καθ' ὥραν πρώτην ὡς ἐκεῖσε προλαμβανούσης τῆς ἡμέρας· τὸ αὐτὸ καὶ ἐπὶ τῶν ὡρῶν τῆς νυκτὸς ἐπὶ τῶν τῆς σελήνης ἐκλείψεων.

ἡ γὰρ κυρτότης τοῦ σφαιροειδοῦς σχήματος τῆς γῆς ἐπιπροσθεῖ καὶ ἀντιφράττει τοῖς δυτικοῖς μέρεσιν ἕως ὅτου ὑψωθῇ καὶ ἐπὶ τούτοις ὁ ἥλιος· εἰ γὰρ μὴ ἦν ἡ γῆ σφαιροειδής, ἀλλ' ἐπίπεδος καὶ ἐκτεταμένη κατὰ μῆκος, ὅλη ἂν ὁμοῦ ἐφωτίζετο. ὅτι δὲ κυρτή ἐστιν ἡ ταύτης ἐπιφάνεια δῆλον καὶ ἐκ τούτου· ὅτε γὰρ πλέομεν ἐν πελάγει θαλάσσης, πρῶτον ἡμῖν αἱ ἀκρώρειαι τῶν ὀρῶν ἐπιφαίνονται, προσεγγίσασι δὲ τῇ γῇ φαίνεται καὶ τὰ κατώτερα. (5) καὶ πλοῖον ἀπὸ γῆς ἰδόντες μήκοθεν ἐν πελάγει πρῶτον τὰ ἱστία ὁρῶμεν, τῶν

Buch I
Die Erde ist kugelförmig

(3) Für die **kugelförmige Gestalt der Erde** gibt es viele Beweise, vor allem den, dass die Sonne in den östlichen Teilen früher aufscheint als in den westlichen. Deshalb beginnt der Tag immer bei den Chinesen und in der Persis und den dortigen Völkerschaften. Wenn es Mittag ist bei den Chinesen, dann ist es hier Morgen, und wenn es in der Persis die vierte Stunde ist, dann ist hier die erste, und zwar entsprechend der Entfernung zwischen Osten und Westen.

Wenn aber jemand sagen würde: Woher ist denn das Derartige klar und auch, dass die Stunden sich so weit voneinander unterscheiden, dass an dem einen Ort Tag ist, am anderen Nacht, und dass die Stunden früher oder später kommen, soll man wissen, dass dies aus den Sonnen- und Mondfinsternissen offenkundig geworden ist. (4) Es wurde nämlich wahrgenommen, dass in dem Fall, in dem eine Sonnenfinsternis in der Persis in der vierten Stunde geschieht, sie uns in der ersten Stunde erscheint, da der Tag hierher voranschreitet; dasselbe gilt auch in den Nachtstunden für die Mondfinsternisse.

Die Krümmung der kugelförmigen Gestalt der Erde fördert und hindert in den westlichen Teilen, bis wo sich bei ihnen auch die Sonne erhebt; wenn nämlich die Erde nicht kugelförmig wäre, sondern flach und in die Länge erstreckt, würde sie alle auf einmal beleuchten. Dass aber ihre Form gekrümmt ist, das ist auch aus Folgendem klar: Wenn wir auf dem hohen Meer fahren, erscheinen uns zuerst die Gipfel der Berge, doch wenn wir uns nähern, auch das tiefer gelegene Land. (5) Wenn wir umgekehrt ein Schiff vom Land her betrachten, das von Ferne auf dem Meer herankommt, sehen wir als Erstes die Segel, während die übri-

λοιπῶν τοῦ πλοίου μερῶν ἀφανῶν ἡμῖν τυγχανόντων, πλησιαζόντων δέ, καὶ τὰ κάτωθεν μέρη ὑπ' ὄψιν γίνεται· ὅπερ οὐκ ἂν συνέβαινεν, εἰ μὴ κυρτὸν ἦν τὸ σχῆμα τοῦ ὕδατος τῇ γῇ καὶ αὐτὸ συσφαιρούμενον.

εἰ γὰρ μὴ ἦν τοιοῦτον τὸ σχῆμα τῆς γῆς, πάντες ἂν οἱ ἀστέρες ἡμῖν ἐφαίνοντο. νῦν δὲ διὰ τὸ πρὸς βορρᾶν εἶναι τὴν ἡμετέραν οἴκησιν τοὺς μὲν ἀστέρας τοῦ βορείου πόλου ὁρῶμεν, τοὺς δὲ ἐν νότῳ οὐχ ὁρῶμεν. ἰδοὺ γὰρ ὁ κάνωβος μέγιστος ὢν ἀστὴρ ἐν μὲν τῇ Αἰγύπτῳ φαίνεται καὶ ταῖς λοιπαῖς νοτιωτέραις πόλεσιν, ἐνταῦθα δὲ οὐ φαίνεται. καὶ οὐ μόνον οὗτος, ἀλλὰ καὶ οἱ λοιποὶ νοτιώτεροι ἀστέρες.

(6) ὅτι δὲ ἐν τῷ μέσῳ κεῖται ἡ γῆ τοῦ παντὸς δῆλον. εἰ μὴ γὰρ ἐν τῷ μέσῳ ἦν, ἀλλ' ἔρρεπε πρὸς τὴν ἀνατολήν, ἀνίσχοντος τοῦ ἡλίου βραχύτεραι ἂν ἐγίνοντο αἱ τῶν φωτιζομένων σκιαί, δύνοντος δὲ μείζονες. πλησίον γὰρ ὄντος τοῦ φωτίζοντος, μικραὶ γίνονται αἱ σκιαί, πόρρωθεν δὲ μείζονες. ἀλλὰ μὴν καὶ τὰ ἀνατέλλοντα πάντα μείζονα ἐφαίνοντο ἐν τῇ ἀνατολῇ ὡς πλησίον αὐτῆς ἡμῶν ὄντων, δυόμενα δὲ ἐλάττονα. εἰ δὲ πρὸς τὴν δύσιν ἔρρεπε, τὰ τούτων ἐναντία ἐγίνετο. καὶ εἴ γε πρὸς βορρᾶν ἔκλινε, πρὸς τοῦτο ἂν τὸ μέρος ἀπετείνοντο ἀεὶ αἱ τῶν φωτιζομένων σκιαί, καὶ εἰ πρὸς μεσημβρίαν, ὁμοίως. νῦν δὲ ἀνατέλλοντος τοῦ ἡλίου, ἐπὶ δύσιν ἀποκλίνουσιν αἱ σκιαί, δυομένου δὲ πρὸς ἀνατολήν.

(7) περὶ δὲ τοῦ μεγέθους τῆς γῆς πολλαὶ γεγόνασι δόξαι, ἀπεφήναντο δὲ ὕστερον πάντες ὡς σταδίων μυριάδων εἴκοσι πέντε ἐστὶν ἡ ὅλη περίμετρος αὐτῆς, ἀποδείξαντες τὸ τοιοῦτον διὰ μεθόδων γεωμετρικῶν. τινὲς δὲ τοσοῦτον μετρήσαντες ἐν τῇ γῇ ὥστε παραβάλλεσθαι τοῦτο πρὸς μίαν μοῖραν τῶν ἐν τῷ οὐρανῷ καὶ τοῦτο ἐπὶ τὴν τῶν μοιρῶν τοῦ οὐρανοῦ ποσότητα πολλαπλασιάσαντες ἤτοι ἐπὶ τριακόσια ἑξήκοντα, εὗρον τὴν περίμετρον τῆς γῆς τοσαύτην ὡς εἴπομεν.

gen Teile des Schiffs für uns unsichtbar sind; wenn es sich nähert, kommen auch die unteren Teile ins Blickfeld. Dies würde nicht geschehen, wenn nicht die Gestalt des Wassers auf der Erde (auch selbst) gekrümmt und es auch selbst abgerundet wäre.

Wenn nämlich die Gestalt der Erde nicht so wäre, wären für uns alle Sterne sichtbar. Jetzt aber sehen wir, weil unsere Wohnstätte zum Norden hin liegt, die Sterne des nördlichen (Himmels-)Pols, die im Süden aber sehen wir nicht. Siehe, der Kanopus (α Carinae) erscheint als größter Stern in Ägypten und den übrigen südlicheren Städten, hier aber erscheint er nicht – und nicht nur dieser, sondern auch die übrigen südlicheren Sterne.

(6) Dass die Erde in der **Mitte des Weltalls** liegt, ist klar. Wäre sie nicht in der Mitte, sondern nach Osten geneigt, würden die Schatten der beleuchteten Objekte bei Sonnenaufgang kürzer und bei Sonnenuntergang länger werden. Wenn nämlich die Lichtquelle nahe ist, werden die Schatten kürzer, und von weiter weg länger. Tatsächlich würden alle im Osten aufgehenden Objekte größer erscheinen, da sie näher an uns wären, und die im Westen untergehenden kleiner. Wäre die Erde jedoch nach Westen geneigt, wäre das Gegenteil der Fall. Wäre sie nach Norden geneigt wäre, würden die Schatten der beleuchteten Objekte immer in diese Richtung zeigen, und ebenso, wenn sie nach Süden geneigt wäre. Jetzt aber neigen sich beim Aufgang der Sonne die Schatten nach Westen, beim Untergang nach Osten.

(7) Über die **Größe der Erde** gab es viele Meinungen; später haben alle verkündet, dass ihr gesamter Umfang 250 000 Stadien (zu je etwa 180 m) beträgt, wobei sie dies durch geometrische Methoden bewiesen haben. Manche haben eine Länge auf der Erde so bemessen, dass sie 1 Grad im Himmels entspricht; diesen Teil auf der Erde haben sie mit der Menge der Grade im Himmel, also 360, multipliziert und so herausgefunden, dass der Umfang der Erde so groß ist, wie wir eben gesagt haben.

ἡ δὲ ἡμετέρα οἴκησίς ἐστιν ἐν τῷ βορείῳ μέρει. καὶ διὰ τοῦτο ὁ μὲν βόρειος πόλος ἡμῖν ἐστιν ἀειφανής, ὁ δὲ νότιος ἀεὶ ἀφανής. (8) καὶ ἡ ἐγνωσμένη οἴκησις ἐν τῇ γῇ κατὰ μὲν τὴν ἀνατολὴν τελευτᾷ ἐν πόλει τινὶ τῶν Σίνων λεγομένῃ Σήρᾳ. τὰ γοῦν ἐπέκεινα ταύτης, ὡς ἱστοροῦσι, τέλματά εἰσι καὶ κάλαμοι καὶ δίοδος ἀπ' αὐτῆς ἀνατολικωτέρα οὐκ ἔστιν. οἱ δὲ Σίνοι οὗτοι τὰ ἀνατολικώτερα μέρη οἰκοῦσι τοῦ κόσμου. εἰσὶ δὲ πάντες Ἕλληνες τὸ δόγμα, πλὴν πάνυ δικαιότατοι. κατὰ δὲ τὴν δύσιν τελευτᾷ ἡ οἴκησις ἐπέκεινα τῆς Ἱσπανίας πρὸς τῷ δυτικῷ ὠκεανῷ, εἰς ὃν ἐμβάλλει αὕτη ἡ καθ' ἡμᾶς θάλασσα. ἀπέχουσι δὲ ὅσον χιλίων μιλίων διάστημα ἀπὸ τῆς γῆς αἱ λεγόμεναι τῶν Μακάρων νῆσοι, αἵτινες πρὶν οἰκούμεναι οὖσαι καὶ ἐπίφθονοι διά τε τὴν εὐκρασίαν τοῦ ἀέρος καὶ τὴν πολλὴν ἀφθονίαν, νῦν ἀοίκητοί εἰσι. (9) κατὰ δὲ τὸ ἀρκτῷον μέρος περατοῦται ἡ οἴκησις ἐν Θούλῃ τῇ νήσῳ· τὰ γὰρ περαιτέρω ταύτης ἀοίκητα διὰ τὴν ψῦξιν. κατὰ δὲ μεσημβρίαν οἰκοῦσιν ἄνθρωποι ἄχρι καὶ αὐτοῦ τοῦ ἰσημερινοῦ κύκλου, ἀλλ' εἰσὶν οἱ ἐκεῖσε οἰκοῦντες βάρβαρα ἔθνη καὶ μέλανα τὴν χροιάν. ὅσοι δὲ οἰκοῦσιν ὑπὸ τὸν ἰσημερινὸν κύκλον ἀεὶ τὰς νύκτας ἔχουσιν ἴσας ταῖς ἡμέραις. ἡ οὖν λεγομένη παρ' ἡμῖν ἀνατολὴ οὐκ ἔστιν ἀνατολή, εἰ μὴ δύσις. ἀλλὰ καὶ αὐταὶ αἱ δοκοῦσαι τοῖς πολλοῖς ἀνατολικώτεραι πόλεις, οἷαι αἱ τῆς Ἰβηρίας καὶ τῆς Μηδίας, καὶ αὗται δυτικαὶ ὑπάρχουσι διὰ τὸ ἐν τῷ δυτικῷ μέρει τῆς οἰκουμένης εἶναι. ἡ δὲ ἀρχὴ τῶν ἀνατολικωτέρων μερῶν καὶ αὐτῆς τῆς Περσίας ἐπέκεινά ἐστι.

(10) διαμεμέρισται δὲ ἡ οἰκουμένη ὑπὸ τῶν πάλαι σοφῶν εἰς τὰ ἑπτὰ κλίματα τρόπῳ τοιούτῳ. ἰδόντες γὰρ οὗτοι ὡς ὅσαι χῶραί εἰσι βορειότεραι, ἔχουσι τὴν μεγίστην ἡμέραν μείζονα τῶν νοτιωτέρων καὶ ἀπὸ τοῦ ἰσημερινοῦ ἐπὶ τὰ ἔνθεν μέρη ἐάσαντες αὔξησιν ἡμιωρίου, ἐκάλεσαν τὰς τοσαύτην ἀπόστασιν ἀπεχούσας χώρας τοῦ ἰσημερινοῦ πρῶτον κλί-

Unsere **Wohnstätte** ist im nördlichen Teil. Deshalb ist der (Himmels-)Nordpol für uns immer sichtbar, der (Himmels-) Südpol immer unsichtbar. (8) Die bekannte Bewohnung auf der Erde endet im **Osten** in einer Stadt der Chinesen namens Sera. Was jenseits von ihr liegt, das sind, wie berichtet wird, Sümpfe und Röhrichte und es gibt keinen Durchgang von dort in noch östlichere Gebiete. Diese Chinesen bewohnen die östlichsten Teile der Welt. Sie sind allesamt Griechen der Lehre nach, allerdings sind sie ganz besonders gerecht. Nach **Westen** endet die Bewohnung der Erde jenseits von Spanien am westlichen Ozean, in den das Meer bei uns (also das Mittelmeer) mündet. Es gibt etwa 1000 Meilen vom Land entfernt die sogenannten Inseln der Seligen, die früher bewohnt waren und beneidenswert sind wegen der Wohltemperiertheit der Luft und des großen Überflusses; jetzt aber sind sie unbewohnt. (9) Im **nördlichen** Teil endet die Bewohnung in der Insel Thule; das, was jenseits von ihr liegt, ist unbewohnbar wegen der Kälte. Im **Süden** wohnen Menschen bis zum Äquator (»Kreis der Tagundnachtgleiche«), aber es sind die dort Wohnenden barbarische Völkerschaften und schwarz in der Farbe. Diejenigen, die unter dem Äquator wohnen, haben immer Nächte, die den Tagen gleichen. Der bei uns sogenannte Sonnenaufgang ist (dort) nicht der Aufgang, vielmehr der Untergang. Aber auch die Städte, die vielen Leuten als weiter östlich scheinen, etwa die von Iberien (Kaukasien) und Medien, sind auch selbst westlich, da sie im westlichen Teil der bewohnten Welt liegen. Der Anfang der östlicheren Teile und Persiens selbst ist jenseits davon.

(10) Eingeteilt worden ist die bewohnte Welt von den Gelehrten früher in sieben ***Klimata*** auf folgende Weise: Jene sahen, dass diejenigen Gegenden, die nördlicher sind, den längsten Tag haben, länger als die südlicheren, und vom Äquator bis zum folgenden Teil eine Vermehrung um (jeweils) eine halbe Stunde zuließen. Sie nannten die Gebiete, die einen so großen Abstand vom Äquator hatten, das **erste** *Klima* und be-

μα ὀνομάσαντες αὐτὸ διὰ Μερόης· ὑπάρχει δὲ ἡ Μερόη πόλις Αἰθιοπική· ἔστι δὲ ἐν τῷ τοιούτῳ κλίματι ἡ μεγίστη ἡμέρα ὡρῶν δεκατριῶν. εἶτα πάλιν ἰδόντες ἔνθα ἐστὶν ἡ μεγίστη ἡμέρα ὡρῶν δεκατριῶν ἥμισυ, ὠνόμασαν τὰς ἐκεῖθεν χώρας κλίμα δεύτερον καὶ ἐκάλεσαν τοῦτο διὰ Συήνης· ἡ δὲ Συήνη ἐστὶ πόλις ἐν μεταιχμίῳ τῆς Αἰγυπτιακῆς καὶ Αἰθιοπικῆς χώρας. (11) τὸ αὐτὸ ἐποίησαν καὶ ἐπὶ τοῦ τρίτου κλίματος, τοῦ διὰ τῆς κάτω χώρας Αἰγύπτου λεγομένου, τὴν μεγίστην ἔχοντος ἡμέραν ὡρῶν δεκατεσσάρων. καὶ ἐπὶ τοῦ τετάρτου ὁμοίως τοῦ διὰ Ῥόδου ὀνομαζομένου τὴν μεγίστην ἔχοντος ἡμέραν ὡρῶν δεκατεσσάρων ἥμισυ.καὶ ἐπὶ τοῦ πέμπτου ἐν ᾧ οἰκοῦμεν ὡσαύτως, ἐν ᾧ ἡ μεγίστη ἡμέρα ὡρῶν ἐστι δεκαπέντε δι' Ἑλλησπόντου λεγομένου. ὠνόμασαν δὲ τὸ ἕκτον κλίμα τὸ διὰ μέσου Πόντου, ἐν ᾧ ἡ μεγίστη ἡμέρα ὡρῶν ἐστι δεκαπέντε ἥμισυ. τὸ δὲ ἕβδομον τὸ διὰ Βορυσθένους, ἐν ᾧ ἡ μεγίστη ἡμέρα ὡρῶν ἐστι δεκαέξ.

(12) εἰσὶ δὲ ἐν τῷ βορείῳ μέρει τόποι οἰκούμενοι ἐπέκεινα τῶν ἑπτὰ κλιμάτων, ἐν οἷς μείζων ἐστὶ τῶν δηλωθεισῶν ὡρῶν ἡ μεγίστη ἡμέρα. αὐτίκα γοῦν ἐν τῇ Θούλῃ διὰ τὸ τὸν θερινὸν κύκλον ὅλον ὑπὲρ γῆν εἶναι ἐν τῷ θέρει, ἐπὶ ἡμέρας τεσσαράκοντα ὁ ἥλιος αὐτοῖς ἄδυτος ὑπάρχει, ἐν δὲ τῷ χειμῶνι δι' ἡμερῶν τεσσαράκοντα τὸν ἥλιον οὐχ ὁρῶσι διὰ τὸ ὅλον τὸν χειμερινὸν κύκλον ὑπὸ γῆν εἶναι καὶ ἀφανῆ.

ἡ δὲ διαίρεσις τῶν ἑπτὰ κλιμάτων κατὰ μὲν μῆκός ἐστιν ἀπὸ ἀνατολῶν ἄχρι δύσεως, κατὰ δὲ πλάτος ἀπὸ τοῦ ἰσημερινοῦ ἄχρι τῶν βορείων μερῶν ὧν εἴπομεν.

ἔστι δὲ τὸ μὲν μῆκος τῆς οἰκουμένης διάστημα ὡρῶν δώδεκα. ὅτε γὰρ ὁ ἥλιος ἀνατέλλει ἐν Σήρᾳ τῇ πόλει, δύνει ἐν ταῖς Μακάρων νήσοις· τὸ δὲ πλάτος ἀπὸ τοῦ ἰσημερινοῦ ἄχρι τῆς νήσου Θούλης, ὡς τριπλάσιον γίνεσθαι τὸ μῆκος τοῦ πλάτους· διὸ γελοῖοι ὅσοι κυκλοτερῆ τὴν οἰκουμένην καταγράφουσιν.

zeichneten es als das (*Klima*) »durch Meroë«; es ist Meroë eine äthiopische Stadt. Es hat in diesem (**ersten**) *Klima* der längste Tag 13 Stunden. Dann sahen sie wiederum, dass der längste Tag am folgenden Ort 13½ Stunden hat, und nannten die Gebiete dort **zweites** *Klima* und bezeichneten es als das »durch Syene«; Syene (Assuan) ist eine Stadt im Zwischenraum zwischen dem ägyptischen und äthiopischen Gebiet. (11) Dasselbe machten sie auch mit dem **dritten** *Klima*, das als »durch Unterägypten« benannt wird und als längsten Tag 14 Stunden hat. In dem **vierten**, das in ähnlicher Weise als das »durch Rhodos« benannt wird, hat es als längsten Tag 14½ Stunden. Beim **fünften**, in dem eben wir wohnen und in dem der längste Tag 15 Stunden hat, spricht man von dem »durch den Hellespont« (Dardanellen). Sie nannten das **sechste** *Klima* das »durch die Mitte des Pontos« (Schwarzen Meeres), in dem der längste Tag 15½ Stunden hat. Das **siebte** ist das »durch den Borysthenes« (Dnjepr/Dnipro), in dem der längste Tag 16 Stunden hat.

(12) Es gibt in dem nördlichen Teil **jenseits** der sieben *Klimata* bewohnte Orte, in denen der längste Tag länger als die (eben) angegebenen Stunden ist. Sogleich in Thule scheint, da der ganze Sommerkreis im Sommer über der Erde ist, 40 Tage lang die Sonne für sie ohne Untergang, im Winter aber sehen sie 40 Tage lang die Sonne nicht, da der ganze Winterkreis unter der Erde ist und verschwindet.

Die **Einteilung** der sieben *Klimata* ist in der Länge von Osten bis Westen und in der Breite vom Äquator bis zu den nördlichen Teilen jeweils so, wie wir gesagt haben.

Es ist die **Länge der bewohnten Welt** eine Distanz von 12 Stunden. Es geht ja die Sonne in der Stadt Sera auf und an den Inseln der Seligen unter (s. o. 8). Die **Breite** vom Äquator bis zur Insel Thule (s. o. 9) ist so, dass die Länge etwa das Dreifache der Breite ist. Deshalb also sind diejenigen lächerlich, die beschreiben, dass die bewohnte Welt kreisförmig sei.

λόγος δεύτερος
περὶ τῶν μεταξὺ τῆς γῆς καὶ τοῦ οὐρανοῦ στοιχείων καὶ τῶν περὶ ταῦτα παθῶν

περὶ ὕδατος

(13) ἡ γῆ τὴν μέσην τοῦ παντὸς χώραν λαχοῦσα εὐθὺς τὸ ὕδωρ ἔχει ὑπὲρ αὐτῆς. ἔστι δὲ τόπος αὐτοῦ ὁ ὠκεανός, πάντων τῶν ὑδάτων καταρρεόντων εἰς αὐτόν. εἰσὶ δὲ μέγισται θάλασσαι πρώτη μὲν ἡ Ἐρυθρὰ ὡς μέχρι τῆς Ἰνδικῆς διήκουσα γῆς, πρὸς δὲ καὶ τῆς τῶν Σίνων καὶ ἄχρι τῆς Περσίδος. δευτέρα δὲ αὕτη ἡ καθ' ἡμᾶς εἰσβάλλουσα πρὸς τοῖς τῆς Ἱσπανίας μέρεσιν εἰς τὸν δυτικὸν ὠκεανόν. τρίτη δὲ ἡ λεγομένη Μεγάλη διὰ τὸ μὴ νήσους ἔχειν, εἰσβάλλουσα διὰ τοῦ στενοῦ εἰς τὴν καθ' ἡμᾶς θάλασσαν. αἱ δὲ λοιπαὶ λίμναι μᾶλλόν εἰσιν ἢ θάλασσαι.

(14) ἁλυκὸν δέ ἐστι τὸ τῆς θαλάσσης ὕδωρ διὰ τοιαύτην αἰτίαν. ἐπεὶ γὰρ ὁ ἥλιος ἀνιμᾶται τὸ λεπτομερὲς αὐτῆς ὑγρόν, καταλείπεται τὸ παχὺ καὶ ἔχει τοιαύτην γεῦσιν. καθάπερ ὁρῶμεν καὶ ἐπὶ τῶν ἡμετέρων σωμάτων· πινομένου γὰρ παρ' ἡμῶν τοῦ ὕδατος καὶ τῆς φύσεως χρωμένης πρὸς σύστασιν ἡμῶν τῇ λεπτομερεστέρᾳ αὐτοῦ ὑγρότητι, τὸ παχύτερον γίνεται οὖρον καὶ ἔστι καὶ αὐτὸ τῇ γεύσει ἁλυκόν. καὶ τοῦτο τῆς θείας ἔργον προνοίας. εἰ μὴ γὰρ ἦν ἁλυκὸν τὸ θαλάσσιον ὕδωρ, σῆψιν ἂν ἐδέξατο μὴ ῥέον καὶ δυσωδία τούτου ἐξεπέμπετο ἀναιρετικὴ τῶν ζῴων.

ἔστι δὲ καὶ τὸ ὅλον ὕδωρ τῷ ὄγκῳ τῆς γῆς μεῖζον, εἴπερ ἰσοπαλῆ καὶ ἰσοτάλαντα δεῖ εἶναι τὰ στοιχεῖα.

Buch II
Die Elemente zwischen der Erde und dem Himmel und die Geschehnisse um sie herum

Wasser

(13) Die Erde, welche die Mitte des Weltalls innehat, hat sogleich Wasser über sich. Es ist dessen Ort der **Ozean**, da alle Gewässer in ihn fließen. Es sind die größten Meere als erstes das Rote Meer (Indischer Ozean), das nach dem indischen Land kommt, hin zum Gebiet der Chinesen und bis zur Persis. Das zweite ist das Meer bei uns (Mittelmeer), das im Gebiet Spaniens in den westlichen Ozean mündet. Das dritte ist das Meer, welches das Große heißt (Schwarzes Meer), weil es keine Inseln hat, und das durch eine Meerenge (Bosporos) in das Meer bei uns eintritt. Die übrigen sind eher Seen als Meere.

(14) **Salzig** ist das Wasser des Meeres aus folgender Ursache: Da die Sonne das feine Feuchte von ihm aufsaugt, lässt es das Dichte zurück und hat diesen Geschmack. So etwas sehen wir auch bei unseren eigenen Körpern: Wenn wir vom bei uns vorhandenen Wasser trinken und seine Natur für unsere Erhaltung mit der feineren Feuchte nutzen, wird das dichtere zu Urin und ist auch selbst im Geschmack salzig. Und auch dies ist ein Werk der göttlichen Vorsehung: Wenn das Meerwasser nicht salzig wäre, würde das nicht fließende Wasser Fäulnis annehmen und sein Gestank wäre tödlich für die Lebewesen.

Es ist das ganze Wasser **größer** als die ganze Krümmung der (Landmasse der) Erde, da ja die Elemente gleich kräftig und gleich gewichtig sein müssen.

περὶ ἀέρος καὶ πυρὸς καὶ νεφῶν καὶ ὑετῶν καὶ ἀστραπῶν καὶ βροντῶν

(15) τῆς δὲ γῆς ἄνωθεν καὶ τοῦ ὕδατός ἐστιν ὁ ἀὴρ πρὸς τὴν τῶν ζῴων σύστασιν ἀναγκαιότατος. τούτου δὲ ἄνωθεν τὸ πῦρ, οὐχ οἷον τὸ χρώμενον παρ' ἡμῶν. τοῦτο γὰρ παχὺ καὶ καυστικὸν καὶ τοῦ στοιχειώδους πυρὸς οἷον ὑπερβολή, καθάπερ ὁ κρύσταλλος ὑπερβολὴ ψυχρότητος ὕδατος· ἐκεῖνο δὲ λεπτομερὲς καὶ εὔκρατον τὴν θερμότητα ἔχον καὶ οὐ καυστικὸν καθάπερ καὶ τὸ ἐν ἡμῖν ἔμφυτον θερμόν.

(16) τὰ δὲ νέφη συνίστανται ἀπό τε γῆς καὶ θαλάσσης, ἀτμῶν ἀναγομένων ὑπὸ τῆς τοῦ ἡλίου θερμότητος καὶ ἐν τῷ ἄνω τόπῳ πυκνουμένων διὰ τὴν ἐκεῖσε ψυχρότητα καὶ εἰς ὕδωρ ἀλλοιουμένων. ἐπαποροῦσι δέ τινες πῶς ψυχρὰ τὰ ἄνω μέρη εἰσὶ μᾶλλον τῷ ἡλίῳ προσεγγίζοντα· ἔδει γὰρ ταῦτα θερμὰ εἶναι διὰ τὴν πρὸς τὸν ἥλιον ἐγγύτητα. καί φαμεν ὅτι ὁ ἥλιος αὐτὸς καθ' ἑαυτὸν οὐκ ἔστι θερμότατος ὥς τινες ὑπολαμβάνουσιν, ἀλλ' ἡ θερμότης ἐνταῦθα ἐμφαίνεται διὰ τὴν τῶν ἀκτίνων αὐτοῦ πρὸς τὴν γῆν ἀντανάκλασιν. καὶ τοῦτο δῆλον ἐκ τῶν ἀκρωρειῶν τῶν μεγίστων ὀρῶν· ἐγγύτεραι γὰρ οὖσαι πρὸς τὸν ἥλιον ψυχρότεραι τῶν κάτωθέν εἰσι μερῶν.

μάλιστα δὲ ἔοικε τὸ τῶν ὑετῶν τῷ γινομένῳ πάθει ἐπὶ τῶν θερμαινομένων ὑδάτων ἐν τοῖς λέβησιν· εἰ γὰρ ἐπιπωμάσει τις τούτους, ἀνέρχεται ὁ ἀτμὸς ἐπὶ τὸ καλύπτον σῶμα καὶ συνίσταται καὶ γίνεται ὕδωρ καὶ αὖθις καταρρεῖ ἐπὶ τὸν λέβητα.

(17) ἡ δὲ χιὼν οὐχ ὕδωρ ἐστὶ πεπηγός, ἀλλὰ νέφους καθύγρου πρὶν τέλεον εἰς ὕδωρ μεταβληθῆναι πηγνυμένου καὶ κατερχομένου· καὶ διὰ τοῦτο χαύνη ἐστὶ τὴν σύστασιν καὶ ἀραιά.

Luft, Feuer, Wolken, Regen, Blitz und Donner

(15) Oberhalb der Erde und des Wassers ist die **Luft**, die für die Erhaltung der Lebewesen äußerst notwendig ist. Oberhalb davon ist das **Feuer** (im sog. Hypekkauma, s. u. 23), doch nicht so wie das, was bei uns gebräuchlich ist. Dieses (bei uns) ist nämlich dicht, verbrennend und wie ein Übermaß des elementaren Feuers, so wie der Eiskristall das Übermaß von Wasserkälte ist; jenes (im Hypekkauma) hat etwas Feines und gut mit der Wärme Vermischbares und nicht Verbrennendes wie auch die natürliche Wärme bei uns.

(16) Die **Wolken** sind zusammengesetzt aus Erde und Meer, wobei die Dünste (*atmoi*) von der Sonnenwärme hinaufgebracht werden, sich an dem oberen Ort durch die dortige Kälte verdichten und in Wasser verwandeln. Manche stellen die Frage, wie die Teile oben kalt sind, die sich doch mehr der Sonne nähern; sie müssten doch warm sein wegen ihrer Nähe zu Sonne. Wir erklären, dass die Sonne selbst für sich nicht von Wärme ist, wie manche annehmen, sondern dass die Wärme hier durch das Aufprallen ihrer Strahlen auf die Erde entsteht. Das ist klar aus den Gipfeln der höchsten Berge: Sie sind nämlich näher an der Sonne, aber kälter als die weiter unten liegenden Teile.

Am meisten aber gleicht das (Wasser) des **Regens** dem, was mit Wasser geschieht, das in den Kesseln erhitzt wird; wenn jemand nämlich einen Deckel auflegt, kommt der Dunst (*atmos*) in dem abgedeckten Körper herauf, setzt sich zusammen, wird zu Wasser und fließt wieder in den Kessel.

(17) Der **Schnee** ist nicht gefrorenes Wasser, sondern besteht aus sehr kalten Wolken, bevor sie sich in Wasser verwandeln, wenn sie gefrieren und herabkommen; deshalb ist er lose in seiner Konsistenz und leicht.

(18) ἡ δὲ χάλαζα γίνεται ὅτε ὁ ὑετὸς ἐπὶ τὴν γῆν πρὶν κατέλθῃ παγῇ. καὶ εἰ μὲν πόρρωθεν τῆς γῆς ἡ πῆξις γένηται, κατέρχεται τὸ σχῆμα σφαιροειδὴς διὰ τοῦ πολλοῦ διαστήματος τοῦ ἐν μέσῳ διαλυομένων τῶν ταύτης ἐξοχῶν. εἰ δὲ πλησίον παγῇ τῆς γῆς, κατέρχεται ἑτεροσχημάτιστος καὶ διαφόρους ἔχουσα τὰς ἐξοχάς.

καὶ ἐν μὲν τῷ ἀέρι γίνονται ταῦτα· νέφος, ὑετός, χιών, χάλαζα. ὅμοια δὲ τούτοις γίνονται καὶ πρὸς τῇ γῇ· τῷ μὲν νέφει ἀνάλογος ἡ ὁμίχλη, τῷ δὲ ὑετῷ ἡ δρόσος, τῇ δὲ χιόνι ἡ πάχνη, τῇ δὲ χαλάζῃ ὁ κρύσταλλος.

(19) αἱ δὲ ἀστραπαὶ καὶ βρονταὶ οὐκ ἀποτελοῦνται συγκρουομένων ἀλλήλοις τῶν νεφῶν, ἀλλ' ὅτε τούτοις θερμὸν πνεῦμα περισχεθέν, τῶν νεφῶν συμπιλουμένων καὶ ψυχρουμένων, διὰ τὴν ἐναντίωσιν ἐκπυρηνισθῇ. ἐπικρατοῦντος γὰρ τοῦ ἐναντίου τὸ ἐναντίον ἐκφεύγει. εἰ γὰρ καὶ ἐπὶ τὰ ἄνω ἐστὶν ἡ τοῦ πυρὸς φορά, ἀλλ' οὖν βιαζόμενον ὑπὸ τῆς ἄνωθεν ψύξεως καὶ τῆς τῶν νεφῶν πυκνότητος ἐκτινάσσεται ἐπὶ τὰ κάτωθεν. καὶ εἰ μὲν ὀλίγον ἐστὶ καὶ ἧττον θερμόν, ποιεῖ μόνην τὴν ἀστραπὴν ὁμοῦ καὶ τὴν βροντήν. εἰ δὲ πολὺ καὶ θερμότατον, γίνεται κεραυνός. προηγεῖται δὲ ἡ ἀστραπὴ τῆς βροντῆς ἅμα ταύτῃ γινομένη διὰ τοιαύτην αἰτίαν. ἡ ὄψις πρώτη τῶν αἰσθήσεων οὖσα ἀχρόνως ὁρᾷ τὸ ὁρατόν, ἡ δὲ ἀκοὴ διὰ χρόνου αἰσθάνεται τοῦ ἀκουστοῦ καὶ διὰ τοῦτο πρῶτον ὁρῶμεν τὸ τῆς ἀστραπῆς φῶς, εἶτα ἀκούομεν τῆς βροντῆς. ὅτι δὲ προηγεῖται ἡ ὄψις τῆς ἀκοῆς δῆλον ἐκ τοῦ ὁρᾶν ἡμᾶς ἐν ταῖς κωπηλασίαις τὰς κώπας τὸ ὕδωρ τυπτούσας καὶ μετὰ τοῦτο ἀκούειν τοῦ δούπου τοῦ ἐξ αὐτῶν.

(18) Der **Hagel** entsteht, wenn der Regen gefriert, bevor er auf die Erde herabkommt. Und wenn das Gefrieren weiter von der Erde entfernt geschieht, kommt er in kugeliger Gestalt herab wegen der großen Entfernung der in der Mitte aufgelösten Teile von ihren äußeren Teilen. Wenn er nahe an der Erde gefriert, kommt er in anderer Gestalt herab und hat verschiedene Kanten.

In der Luft entstehen Folgende: Wolken, Regen, Schnee und Hagel. Diesem Ähnliche entstehen auch auf der Erde: Der Wolke entspricht der **Nebel**, dem Regen der **Tau**, dem Schnee der **Reif** und dem Hagel der **Eiskristall**.

(19) Die **Blitze** und **Donner** werden nicht vollendet, wenn die Wolken aneinander schlagen, sondern wenn diesen ein warmer Hauch umgelegt wird, wobei die Wolken gefüllt und abgekühlt sind und sie wegen des Gegensatzes erhitzt werden. Da der eine Gegensatz den anderen übertrifft, entflieht der eine. Wenn nämlich nach oben die Heftigkeit des Feuers ist, aber nicht von der Kälte unterhalb gezwungen wird, dann wird sie von der Dichte der Wolken in das Untere gestoßen. Und wenn das Warme wenig und schwächer ist, machte es nur den Blitz und den Donner zusammen. Wenn es viel und sehr heiß ist, wird es ein Gewitter. Vorangeführt wird der Blitz vor dem Donner, auch wenn er gleichzeitig mit ihm entsteht, und zwar aus folgender Ursache: Das Sehen ist der erste der Sinne und sieht ohne Zeitverlust das Gesehene, das Hören aber nimmt das Gehörte nur mit der Zeit wahr; deshalb sehen wir erst das Licht des Blitzes, dann hören wir den Donner. Dass das Sehen dem Hören vorangeht, ist daraus klar, dass wir beim Rudern erst die Ruder sehen, die das Wasser schlagen, und danach den Schall von ihnen hören.

(20) ἵνα δὲ μὴ ἀμύητοι ὦμεν τῆς τῶν σεισμῶν αἰτίας, ἰστέον ὅτι ἐκ τῆς γῆς θερμαινομένης ἀναπέμπεται ἀτμὸς καὶ ἀναθυμίασις. ἐστὶ δὲ ὁ μὲν ἀτμὸς ὑγρὸς καὶ μέσος ὕδατος καὶ ἀέρος, ἡ δὲ ἀναθυμίασις θερμὴ καὶ ξηρὰ καὶ ὀξυκίνητος. ἐξ ἧς δὴ καὶ κινεῖται ὁ ἀὴρ καὶ ἀποτελοῦνται οἱ ἄνεμοι. ὅτε οὖν αὕτη ἡ ἀναθυμίασις τῇ γῇ ἐναποκλεισθῇ καὶ ἀνωφερὴς οὖσα ζητῇ ὡσανεὶ διέξοδον ἐξελθεῖν, κινεῖ πᾶσαν τὴν παρακειμένην γῆν κελεύσει θείᾳ καὶ οἰκονομίᾳ. (21) μηδεὶς δὲ ξενιζέσθω πῶς ἡ τοιαύτη ἀναθυμίασις λεπτὴ οὖσα τὴν γῆν κινεῖ παχυμερεστέραν οὖσαν. ἰδοὺ γὰρ οἱ σφοδροὶ ἄνεμοι καίτοι γε ἄνετον τὴν δίοδον ἔχοντες, δένδρα τε ἐκριζοῦσι καὶ οἰκίας πολλάκις καταβάλλουσι. μάλιστα δὲ ἔοικε τὸ τοιοῦτον πάθος τῆς γῆς τῷ πταρμῷ· ὥσπερ γὰρ διὰ τούτου κινεῖται τὸ σῶμα, οὕτω καὶ βιαζομένης ἐξελθεῖν τῆς ἀναθυμιάσεως ἡ γῆ. νηνεμίας δὲ οὔσης οἱ πλεῖστοι καὶ μέγιστοι γίνονται τῶν σεισμῶν καὶ μετὰ τοὺς σεισμοὺς ὡς ἐπὶ τὸ πλεῖστον πνέει ἄνεμος σφοδρός, διαρρηγνυμένης τῆς γῆς ὑπὸ τῆς βιαίας τοῦ πνεύματος κινήσεως. καὶ νυκτὸς ὡς ἐπὶ τὸ πολὺ γίνονται ἢ ἡμέρας διὰ τὸ ἐν νυκτὶ ψύχεσθαι καὶ πυκνοῦσθαι τὴν τῆς γῆς ἐπιφάνειαν καὶ κλείεσθαι ἔνδον τὴν ἀναθυμίασιν. (22) προηγοῦνται δὲ τῶν σεισμῶν ῥαγδαῖοι ὑετοὶ καὶ μετὰ τούτους αὐχμοί. εἰσὶ δὲ μερικοὶ καὶ οὐκ ἐπὶ πάσης τῆς γῆς. ἅπαξ γὰρ πᾶσα ἡ γῆ ἐκινήθη ἐπὶ τοῦ σωτηρίου πάθους τοῦ Κυρίου ἡμῶν, αὐτοῦ τοῦ κέντρου σεισθέντος τῆς γῆς. οὐκ ἐν πάσῃ δὲ χώρᾳ γίνονται σεισμοί, ἀλλ' ἐν οἷς σομφὴ καὶ σηραγγώδης ἐστὶν ἡ γῆ, καὶ ἔν τινι μὲν συνεχῶς, ἔν τινι δὲ σπανίως, καὶ ἔαρος καὶ φθινοπώρου μᾶλλον ἢ χειμῶνος καὶ θέρους. ἀλλ' εἰ καὶ φύσει τινὶ ἐνεργεῖται ταῦτα, ἀλλὰ Θεοῦ νεύσει καὶ προμηθείᾳ. ὥσπερ γὰρ οὔτε ὑετὸς οὔτε χιὼν οὔτε κρύσταλλος οὔτε κεραυνὸς κατέρχεται μὴ ὄντος νέφους, ἀλλὰ διὰ μέσου τούτου τὸ ἐν τούτοις θεῖον

(20) Damit wir nicht uneingeweiht sind in die Ursachen für **Erdbeben**, ist zu wissen, dass aus der erhitzten Erde Dunst (*atmos*) und Aufdampfung hinaufgeschickt wird. Es ist der Dunst feucht und ein Mittelding zwischen Wasser und Luft, die Aufdampfung aber warm, trocken und schnell beweglich. Aus dieser wird die Luft bewegt und es werden die Winde bewirkt. Da also diese Aufdampfung in der Erde eingeschlossen ist und, wenn sie hinaufgetragen wird, eine Art Ausgang zum Herausgehen sucht, bewegt sie die ganze aufliegende Erde auf göttlichen Befehl und Maßgabe. (21) Niemand soll befremdet darüber sein, wie diese Aufdampfung zwar leicht ist, aber die Erde bewegt, die viel dichter ist: Siehe, auch die heftigen Winde entwurzeln, wenn sie einen schmalen Durchgang haben, einen Baum und werfen oft Häuser um. Insbesondere gleicht das derartige Geschehen der Erde dem Niesen: Wie nämlich durch jenes der Körper bewegt wird, so auch die Erde, wenn die Aufdampfung zum Herausgehen gezwungen wird. Wenn aber Windstille herrscht, entstehen die meisten und größten Erdbeben, und nach den Erdbeben weht auch der heftige Wind am meisten, da die Erde von der gewaltigen Bewegung des Windhauchs zerrissen wird. Auch geschehen sie nachts häufiger als am Tag, da in der Nacht die Oberfläche der Erde gekühlt und verdichtet wird und so die Aufdampfung einschließt. (22) Es gehen den Erdbeben heftige Regenfälle voraus, danach Dürren. Sie sind teilweise und nicht auf der ganzen Erde. Nur einmal nämlich wurde die ganze Erde bewegt bei der rettenden Passion unseres Herrn, als das Zentrum der Erde selbst bebte. Nicht in jedem Land entstehen Erdbeben, sondern in denen, wo die Erde porös und löchrig ist, und zwar in dem einen fortwährend, im anderen selten, und mehr im Frühjahr und Herbst als im Winter und Sommer. Aber selbst wenn dies durch eine Natur bewirkt wird, so doch auch durch den Wink und die Vorsehung Gottes. Ebenso kommen ja weder Regen noch Schnee noch Eiskristalle noch Gewitter herab, wenn es keine Wolke gibt,

πρόσταγμα τελεῖται ὡς ἀρχῆθεν ὁ δημιουργὸς ηὐδόκησεν, οὕτως οὐδὲ σεισμὸς ἄνευ αἰτίας φυσικῆς καὶ θείας βουλήσεως.

περὶ κομητῶν ἀστέρων

(23) οἱ κομῆται γίνονται ἐξ ἀναθυμιάσεως ὑγρᾶς ἀναχθείσης εἰς τὸ ὑπέκκαυμα κἀκεῖσε περιπλακείσης μέρει τινὶ τοῦ ἐκεῖθεν πυρὸς καὶ οἱονεὶ τροφῆς καὶ ὕλης τούτῳ χρηματισάσης. γίνεται δὲ τὸ τοῦ κομήτου σχῆμα τοιοῦτον οἷον τύχῃ τὸ ἀναθυμιώμενον ἐσχηματισμένον. εἰσὶ δὲ σχεδὸν οἱ πλείους φανέντες τέρας πονηρόν.

περὶ ἀνέμων

(24) διπλῆς οὔσης ὡς ἔφαμεν τῆς ἀναθυμιάσεως καὶ τῆς μὲν ὑγρᾶς, τῆς δὲ ξηρᾶς, ἐκ μὲν τῆς ὑγρᾶς γίνονται τὰ νέφη καὶ τὸ ὕδωρ, ἐκ δὲ τῆς ξηρᾶς οἱ ἄνεμοι. εἰσὶ δὲ τὸν ἀριθμὸν δώδεκα. ἐκ μὲν γὰρ τῆς ἰσημερινῆς ἀνατολῆς πνεῖ ὁ ἀπηλιώτης, ἐξ ἐναντίας δὲ τούτου ἐστὶν ὁ ζέφυρος ἐν τῇ δύσει· ἀπὸ δὲ τῆς θερινῆς ἀνατολῆς ὁ καικίας, ἐξ ἐναντίας δὲ τούτου ἐστὶν ὁ ἰάπυξ. ἀπὸ δὲ τῆς χειμερινῆς τροπῆς ὁ εὖρος, οὗ ἐναντίος ὁ λίψ· ἀπὸ δὲ μεσημβρίας ὁ νότος, ἀπὸ δὲ βορρᾶ ὁ ἀπαρκτίας· μέσος δὲ τοῦ νότου καὶ τοῦ εὔρου ἐστὶν ὁ εὐρόνοτος καὶ μέσος καικίου καὶ ἀπαρκτίου ὁ βορρᾶς καὶ μέσος νότου καὶ λιβὸς ὁ λιβόνοτος καὶ μέσος ἀπαρκτίου καὶ ἰάπυγος ὁ θρασκίας.

περὶ ἴριδος

(25) ἡ λεγομένη ἶρις ἰδίαν ὑπόστασιν οὐκ ἔχει, ἀλλ' ἔμφασίς τίς ἐστι. τοῦ γὰρ νέφους μικρὰς ῥανίδας ἔχοντος καὶ ἐξ ἐναντίας

sondern mitten durch sie hindurch vollbringt sie der göttliche Befehl, und so, wie von Anfang an der Schöpfer gutgeheißen hat, so gibt es auch kein Erdbeben ohne natürliche Ursache und göttliches Wollen.

Kometen (Schweifsterne)

(23) Die **Kometen** entstehen aus einer feuchten Aufdampfung, die bis zum Hypekkauma (zur feurigen Zone außerhalb der Atmosphäre s. o. 15) reicht und dort umherschweift in einem Teil des dortigen Feuers und als Brennstoff die Materie nutzt. Es entsteht die Gestalt des Kometen so, wie das Aufgedampfte eben gestaltet ist. Es sind fast die meisten (solchen) Erscheinungen ein böses Vorzeichen.

Winde

(24) Da es eine doppelte Aufdampfung gibt, wie wir gesagt haben (s. o. 20), die feuchte und die trockene, entstehen aus der feuchten die Wolken und das Wasser, aus der trockenen die **Winde**. Sie sind zwölf an der Zahl. Aus dem äquatorialen Osten weht der Apeliotes (O), gegenüber davon der Zephyros (W) im Westen, vom Sommerwendekreis-Osten der Kaikias (NO), gegenüber davon der Iapyx (Argestes, NW), vom Winterwendekreis der Euros (SO), dem gegenüber der Lips (SW), vom Mittag der Notos (S), vom Norden der Aparktias (N). In der Mitte zwischen Notos und Euros ist der Euronotos (SSO), in der Mitte zwischen Kaikas und Aparktias der Borrhas (NNO), in der Mitte zwischen Notos und Lips der Libonotos (SSW) und in der Mitte zwischen Aparktias und Iapyx der Thraskias (NNW).

Regenbogen

(25) Die sogenannte *Iris* (**Regenbogen**) hat keine Substanz, sondern ist eine Abspiegelung. Da die Wolke kleine Tropfen hat

κειμένου τῷ ἡλίῳ, ἀνακλᾶται ἡ ἡμετέρα ὄψις πρὸς τὸν ἥλιον καὶ δοκεῖ τι κύκλου τμῆμα ἐν τῷ νέφει εἶναι. ὁ δὲ Ἀριστοτέλης δείκνυσι διὰ γεωμετρικῶν μεθόδων ὅτι οὔτε κύκλος γίνεται οὔτε μεῖζον ἡμικυκλίου τμῆμα.

περὶ ἅλω

(26) ἡ δὲ ἅλως περὶ τὴν σελήνην καὶ περὶ τὸν ἥλιον, ἐνίοτε δὲ καὶ περὶ τὰ λαμπρὰ τῶν ἄστρων συνίσταται. γίνεται δὲ ἀπὸ ἀντανακλάσεως τῆς ὄψεως πάντοθεν ὁμοίως ἀντανακλωμένης περὶ τὸν ἥλιον ἢ τὴν σελήνην, ὡς διὰ γεωμετρικοῦ σχήματος δείκνυται.

und gegenüber der Sonne liegt, wird unser Blick zur Sonne hin abgebogen und scheint ein Kreisabschnitt in der Wolke zu sein. Aristoteles (*Meteorologica* III 5,1) zeigt mit geometrischen Methoden, dass der Abschnitt weder ein Kreis noch mehr als ein Abschnitt eines Halbkreises ist.

Halo

(26) Der **Halo** entsteht um den Mond und um die Sonne, manchmal auch um helle Sterne. Er entsteht aus einem Aufprall des Blicks, der von überall her ähnlich um die Sonne oder den Mond zurückprallt, so dass er sich durch eine geometrische Gestalt zeigt.

λόγος τρίτος
περὶ τῶν οὐρανίων

περὶ κόσμου

(27) τινὲς τῶν φιλοσόφων ἐδόξασαν ἀπείρους εἶναι κόσμους καὶ ἐν ἑκάστῳ γῆν ὁμοίαν ταύτῃ καὶ ἀνθρώπους καὶ ζῷα. ἠγνόησαν δὲ οὗτοι ὡς οὐκ ἔστι θείας δυνάμεως τὸ διαιρεῖν τὴν ποίησιν καὶ εἰς πολλὰ κατατέμνειν, ἀλλὰ τὸ συναιρεῖν καὶ ἑνίζειν.

περὶ σχήματος οὐρανοῦ

(28) ὁ δὲ οὐρανός ἐστι σφαιροειδής· καὶ τοῦτο δῆλον ἔκ τε τοῦ τοὺς ἀστέρας τοὺς ἀπλανεῖς ὁρᾶσθαι ἀπὸ τῶν αὐτῶν τόπων ἀνατέλλοντάς τε καὶ δύνοντας καὶ τὸν βόρειον πόλον ἀκίνητον ὁρᾶσθαι ἀεὶ παρ' ἡμῶν, τὸν δὲ νότιον κρύπτεσθαι· ὅπερ οὐκ ἂν συνέβαινεν, εἰ μὴ σφαιροειδὴς ἦν ὁ οὐρανός. πᾶσα γὰρ σφαῖρα κινουμένη τρία ἔχει σημεῖα ἀκίνητα τό τε κέντρον καὶ τοὺς δύο πόλους. ἔστι δὲ καὶ τὸ σχῆμα τοῦτο τῶν ἰσοπεριμέτρων αὐτῷ σχημάτων πολυχωρητότερον καὶ τῶν ἄλλων σχημάτων τελειότερον.

εἰ ἔμψυχος ὁ κόσμος καὶ προνοίᾳ διοικούμενος

(29) οἱ μὲν Ἕλληνες τάς τε σφαίρας τοῦ οὐρανοῦ ἐμψύχους ἐδόξαζον, πρὸς δὲ καὶ τοὺς ἀστέρας, λέγοντες εἰ τὰ ἐνταῦθα γεώδη σώματα ψυχῆς οὐκ ἠμοίρησε, πόσῳ γε μᾶλλον τὰ οὐράνια. ἡμεῖς δὲ λέγομεν ὡς ἡ κίνησις τούτων φυσική ἐστι καὶ οὐ ψυχική. ὁρῶμεν γὰρ ὡς ὅσον ὀργανικώτερόν ἐστι τὸ σῶμα, τοσοῦτον δέχεται καὶ τὰς ἐνεργείας τῆς ψυχῆς πλείονας. τὸ οὖν ἡμέτερον σῶμα ὀργανικώτερόν ἐστι

Buch III
Himmlisches

Weltall

(27) Manche Philosophen meinten, dass die Weltalle unendlich sind und es in jedem eine Erde, die dieser hier ähnelt, Menschen und Tiere gibt. Diese Leute wussten nicht, dass es nicht Sache der göttlichen Kraft ist, die Schöpfung einzuteilen und in viele Teile zu zerlegen, sondern zu verbinden und zu vereinigen.

Gestalt des Himmels

(28) Der Himmel ist kugelförmig. Dies ist klar, weil man sieht, dass die Fixsterne an denselben Orten auf- und untergehen und dass bei uns der (Himmels-)Nordpol immer unbeweglich zu sehen, der (Himmels-)Südpol aber verborgen ist. Wäre das nicht so, wäre der Himmel nicht kugelförmig. Jede bewegte Kugel hat ja drei unbewegte Punkte: das Zentrum und die beiden Pole. Es fasst also diese Gestalt viel mehr als die Gestalten, die den gleichen Umfang wie sie haben, und ist vollkommener als die der anderen Gestalten.

Ob das Weltall beseelt und von der Vorsehung verwaltet ist

(29) Die Griechen hielten die Kugeln des Himmels für beseelt, dazu auch die Sterne, wobei sie sagten, wenn die hiesigen irdischen Körper an einer Seele teilhätten, um wie viel mehr dann die himmlischen. Wir aber sagen, dass deren Bewegung natürlich ist, nicht seelisch. Wir sehen nämlich, dass der Körper, je werkzeughafter er ist, auch umso mehr Wirksamkeiten der Seele annimmt. Unser eigener Körper ist werkzeughafter als die Körper

τῶν σωμάτων τῶν λοιπῶν ζῴων, ὥσπερ ἐκεῖνα τῶν φυτῶν. τὸ δὲ σφαιροειδὲς πάντῃ ἁπλοῦν ὥστε ἄψυχον, οἷα τὰ τέσσαρα στοιχεῖα.

εἰ ἄφθαρτος ὁ κόσμος

(30) ὁ μὲν Ἀριστοτέλης τὸν κόσμον δοξάζει ἀγέννητόν τε καὶ ἄφθαρτον, ὁ δὲ Πλάτων γεννητὸν μέν, ἄφθαρτον δέ. ἡμεῖς δὲ λέγομεν ὡς ἐπεὶ σῶμά ἐστι, πᾶν δὲ σῶμα πεπερασμένην ἔχει τὴν δύναμιν, καὶ σύνθετον ἀρχὴν ἔχει καὶ τελευτήν. ὅτι δὲ πεπερασμένην ἔχει τὴν δύναμιν ἐκ τῶνδε δῆλον· ἀποκαθίσταται γὰρ ὁμολογουμένως διὰ τῆς κινήσεως ἐν ὥραις κδ'· εἰ γοῦν εἶχε δύναμιν πλείονα, ἐν ἐλαχιστοτέρῳ ἐκινεῖτο χρόνῳ ὥστε, καθάπερ πεπέρασται κατὰ τὸ μέγεθος, οὕτω καὶ κατὰ τὴν δύναμιν.

εἰ τρέφεται ὁ οὐρανός

(31) ἔδοξάν τινες τρέφεσθαι τὸν ἥλιον καὶ τοὺς ἀστέρας ἐκ τῶν ἀνερχομένων ἀτμῶν ἀπὸ τῆς γῆς καὶ ὡς διὰ τοῦτο ποιεῖται τὴν λόξωσιν ὁ ἥλιος, διὰ τὸ ἀπὸ τῶν ἀτμῶν τρέφεσθαι. τοῦτο δὲ ψεῦδος πρόδηλον μηδ' ἀνασκευῆς δεόμενον. μόνα γὰρ τρέφεται τὰ ἔμψυχα σώματα, τὰ δὲ στοιχεῖα μεταβάλλονται εἰς ἄλληλα. τὰ μέντοι οὐράνια σώματα μόνην τὴν τοπικὴν ποιεῖται κίνησιν τῶν λοιπῶν ὄντα κινήσεων ἀνεπίδεκτα.

περὶ τάξεως κόσμου

(32) τὸ τοῦ κόσμου μεσαίτατόν ἐστιν ἡ γῆ καὶ λέγεται κάτω. ἄνωθεν δὲ ταύτης τὸ ὕδωρ ἐστὶ καὶ τούτου ἄνωθεν ὁ ἀήρ, τοῦ δὲ ἀέρος τὸ πῦρ, τοῦ δὲ πυρὸς ἄνωθεν ἡ σελήνη, τῆς δὲ σελήνης ἡ τοῦ Ἑρμοῦ σφαῖρα, ταύτης δὲ ἡ τῆς Ἀφροδίτης

der anderen Lebewesen, so wie jene als die der Pflanzen. Das Kugelförmige aber ist ganz einfach, so dass es unbeseelt ist, wie die vier Elemente.

Ob das Weltall unvergänglich ist

(39) Aristoteles (*Physica* VIII 1) lehrt, dass das Weltall ungeworden und unvergänglich ist, Platon hingegen (*Timaeus* 41b), dass es zwar geworden, aber unvergänglich ist. Wir aber sagen, dass es, weil es ein Körper ist, wie jeder Körper eine zugeordnete Kraft hat, ebenso einen bestimmten Anfang und ein Ende. Dass aber die Kraft begrenzt ist, ist aus Folgendem klar: Es kehrt nach allgemeiner Übereinstimmung durch seine Bewegung in 24 Stunden an den Ausgangspunkt zurück; wenn es mehr Kraft hätte, würde es in kürzerer Zeit bewegt, so dass es so, wie es in seiner Größe begrenzt ist, dies auch in seiner Kraft ist.

Ob der Himmel ernährt wird

(31) Es meinten manche, die Sonne und die Sterne würden aus den aufsteigenden Dünsten von der Erde ernährt und eben deshalb mache die Sonne die Schiefe (Ekliptik), weil sie von den Dünsten ernährt werde. Diese Lüge ist offenkundig und braucht keine Widerlegung. Es werden ja allein die beseelten Körper ernährt, die Elemente aber verwandeln sich ineinander (s. u. 56). Die himmlischen Körper jedoch machen nur die örtliche Bewegung, während die Bewegungen der übrigen unbegreiflich sind.

Die Ordnung des Weltalls

(32) Das Mittelste des Weltalls ist die Erde und wird »unten« genannt. Oberhalb von ihr ist das Wasser und oberhalb von ihm die Luft, oberhalb der Luft das Feuer (Hypekkauma; s. o. 15) und oberhalb des Feuers der Mond, oberhalb des Mondes die Kugel des Merkur (Hermes), oberhalb von ihr die der Venus

καὶ ταύτης ἡ τοῦ ἡλίου, εἶτα ἡ τοῦ Ἄρεος, εἶτα ἡ τοῦ Διὸς καὶ ὑπὲρ ταύτην ἡ τοῦ Κρόνου, ὑπὲρ ἣν ἡ τῶν ἀπλανῶν ἄστρων σφαῖρα καὶ ὑπὲρ ταύτην ἡ ἄναστρος σφαῖρα, ἡ τὰς λοιπὰς πάσας κινοῦσα ἀπὸ ἀνατολῆς ἐπὶ δύσιν.

περὶ τῆς τοῦ κόσμου ἐγκλίσεως

(33) ἡ τοῦ κόσμου ἔγκλισις οὐ κατ' αὐτὸν τὸν κόσμον ἐστίν, ἀλλὰ πρὸς ἡμᾶς διὰ τὸ μὴ τὴν ἡμετέραν οἴκησιν εἶναι ὑπὸ τὸν ἰσημερινόν, ἀλλὰ πρὸς τῷ βορείῳ μέρει καὶ διὰ τοῦτο ὑπερῆρται πρὸς ἡμᾶς ὁ βόρειος πόλος, κρύπτεται δὲ ὁ νότιος καὶ ἡ τοῦ οὐρανοῦ κίνησις οὐ φαίνεται ὀρθή, ἀλλ' ἐγκεκλιμένη πρὸς νότον.

περὶ τοῦ εἰ ἔστι κενὸν ἐκτὸς τοῦ κόσμου

(34) ὅτι μὲν κενὸν οὐκ ἔστιν ἐν τῷ κόσμῳ ἱκανῶς δέδεικται Ἀριστοτέλει ἐν τῇ φυσικῇ ἀκροάσει. ἐδείχθη δὲ παρ' αὐτοῦ ὡς οὐδὲ ἐκτὸς τοῦ κόσμου ἔστι κενόν. ὁρίζονται γὰρ τὸ κενὸν οἱ τοῦτο δοξάζοντες τόπον ἐστερημένον σώματος, δυνάμενον δὲ δέξασθαι σῶμα. εἰ γοῦν ὑπὲρ τὸν οὐρανὸν ἔστι κενόν, μάτην παρήχθη παρὰ τοῦ δημιουργοῦ μηδέποτε ἐν αὐτῷ σώματος γενομένου. οὐδὲν δὲ οὔτε ὁ Θεὸς οὔτε ἡ φύσις οὔτε φρόνιμος ἀνὴρ μάτην ποιοῦσιν. ἀποφαίνεται γοῦν ὡς οὔτε πλῆρες οὔτε κενὸν οὔτε τόπος τις ἔξω τοῦ οὐρανοῦ τυγχάνει, ἀλλ' ὁ νοητὸς κόσμος.

τίνα δεξιὰ τοῦ κόσμου καὶ τίνα ἀριστερά

(35) δεξιὰ μέρη τοῦ κόσμου τὰ ἀνατολικὰ μέρη τοῦ οὐρανοῦ, ἀριστερὰ δὲ τὰ δυτικά. λέγονται δὲ δεξιὰ τὰ ἀνατολικὰ μέρη ὡς ἐκεῖθεν ἀρχομένης τῆς κινήσεως. ὥσπερ γὰρ ἐπὶ τῶν ζῴων ἀπὸ τῶν δεξιῶν μερῶν ἄρχεται ἡ κίνησις – τὸν γὰρ ἀριστερὸν πόδα πρότερον ἐπὶ τῆς γῆς ἐρείδοντες τὸν

(Aphrodite) und oberhalb von ihr die der Sonne (Heliios), dann die des Mars (Ares), dann die des Jupiter (Zeus) und über dieser die des Saturn (Kronos), über jener die Kugel der Fixsterne und über dieser die sternenlose Kugel, welche alle übrigen von Osten nach Westen bewegt

Über die Neigung (Enklitik) des Weltalls

(33) Die Neigung (Enklitik) des Weltalls ist nicht auf das Weltall selbst, sondern auf uns bezogen, da unsere Wohnstätte nicht unter dem Äquator ist, sondern im nördlichen Teil und sich deshalb der (Himmels-)Nordpol zu uns hin erstreckt, der (Himmels-)Südpol aber verborgen ist und die Bewegung des Himmels nicht gerade erscheint, sondern nach Norden geneigt.

Ob es außerhalb des Weltalls leer ist

(34) Dass es im Weltall nicht leer ist, hat hinreichend Aristoteles in der Physik-Vorlesung (*Physica* IV 6–8) gezeigt. Von ihm wurde auch gezeigt, dass es außerhalb des Weltalls nicht leer ist. Es definieren nämlich das Leere diejenigen, die dies meinen, als einen Ort, der des Körpers beraubt ist, aber Körper aufnehmen kann. Wenn es also oberhalb des Himmel leer wäre, dann wäre vom Schöpfer etwas vergebens gewährt worden, wenn in ihm nie ein Körper entsteht. Nichts aber machen Gott, die Natur oder ein Vernünftiger vergebens. Es wird also klar, dass außerhalb des Himmels es weder voll noch leer ist noch einen Ort gibt, vielmehr das mit dem Verstand wahrgenommene Weltall.

Was rechts und was links im Weltall ist

(35) Die rechten Teile des Weltalls sind die östlichen Teile des Himmels, die linken die westlichen. Man nennt die rechten Teile die östlichen, weil von dort die Bewegung beginnt. Wie nämlich bei den Lebewesen die Bewegung vom rechten Teil beginnt – wir setzen ja den linken Fuß zuerst auf die Erde und bewegen

δεξιὸν μετακινοῦμεν –, οὕτως ὑπέθεντο καὶ οἱ παλαιοὶ τὴν ἀρχὴν τῆς πρὸς δυσμὰς κινήσεως ἐν τοῖς δεξιοῖς μέρεσι. τούτου δὲ ὑποτεθέντος γίνονται τὰ μὲν ἄνω μέρη τοῦ κόσμου ἐν τῷ νοτίῳ πόλῳ τῷ ἡμῖν ἀφανεῖ, τὰ δὲ κάτω ἐν τῷ βορείῳ τῷ ἀεὶ ἡμῖν φανερῷ· ὡς ἂν εἰ νοήσεις ἄνθρωπον κεκλιμένον τὴν κεφαλὴν μὲν ἔχοντα πρὸς τῷ νοτίῳ πόλῳ, τοὺς δὲ πόδας πρὸς τῷ βορείῳ, ἔσται οὖν ἡ δεξιὰ αὐτοῦ φερομένη ἀπὸ ἀνατολῆς ὡς ἐπὶ δύσιν.

τίς ἡ τοῦ οὐρανοῦ οὐσία

(36) ὁ μὲν Ἀριστοτέλης πέμπτον φησὶ σῶμα τὸν οὐρανὸν καὶ ἕτερον τῶν τεσσάρων στοιχείων, ἀποδεικνύων τοῦτο ἐκ τῆς κινήσεως οὕτως. ὧν αἱ κινήσεις διάφοροι, διάφοροι καὶ αἱ φύσεις. διαφέρουσι δὲ αἱ τῶν στοιχείων κινήσεις πρὸς τὴν τοῦ οὐρανοῦ κίνησιν, τῶν μὲν κατ' εὐθεῖαν κινουμένων, τοῦ δὲ οὐρανοῦ κύκλῳ, ὥστε τούτων ἐστὶν ἑτερόφυλος. πρὸς ταύτην τὴν ἀπόδειξιν ἐνιστάμενος ὁ Φιλόπονος Ἰωάννης φησίν· ὦ Ἀριστότελες, εἰ ὧν αἱ κινήσεις διάφοροι, διάφοροι καὶ αἱ φύσεις, λοιπὸν ὧν αἱ κινήσεις αἱ αὐταί, καὶ αἱ φύσεις αἱ αὐταί. καὶ μὴν ὁρῶμεν τὴν τῆς γῆς κίνησιν ἐπὶ τὰ κάτω καὶ τὴν τοῦ ὕδατος ὁμοίως, ὥστε μία φύσις ἀμφοῖν· καὶ ὁ ἀὴρ καὶ τὸ πῦρ ἀνωφερῆ μέν, ἕτερα δὲ τὴν φύσιν εἰσίν.

(37) ὁ δὲ Πλάτων ἐκ τῶν τεσσάρων στοιχείων συγκεῖσθαι τὸ οὐράνιον σῶμα ἀπεφήνατο· ὁ δὲ Πρόκλος τούτῳ συνηγορῶν φησιν ἐκ τοῦ ἄνθους αὐτὸ συγκεῖσθαι τῶν στοιχείων, καὶ ὅτι ἐστὶν ἐν τῷ οὐρανῷ πῦρ καὶ τὰ λοιπὰ οὐχ οἷά εἰσιν ἐνταῦθα, ἀλλ' οὐρανίως, ὥσπερ ἐν τῇ γῇ τὸ πῦρ γηΐνως. ὑπερίσχυσαν δὲ αἱ ἀποδείξεις τῶν δοξαζόντων τὸν οὐρανὸν ἐκ τοῦ ἄνθους τῶν στοιχείων καὶ μάλιστα τοῦ πυρὸς καὶ τοῦ ἀέρος, τῶν δοξασάντων αὐτὸν πέμπτον σῶμα.

dann den rechten –, so nahmen auch die Alten an, dass der Anfang der Bewegung nach Westen in den rechten Teilen beginnt. Da dies vorausgesetzt ist, werden die oberen Teile des Weltalls am (Himmels-)Südpol für uns unsichtbar, die unteren im Norden immer für uns sichtbar – wie wenn man meinte, dass bei einem liegenden Menschen der Kopf zum (Himmels-)Südpol weist, die Füße zum Nordpol, dann wird seine Rechte vom Osten zum Westen hin bewegt.

Was das Wesen des Himmels ist

(36) Aristoteles (*De caelo* I 2–3; *Physica* VII 4) sagt, der fünfte Körper sei der Himmel und anders als die vier Elemente, wobei er dies aus der Bewegung folgendermaßen beweist: Die Naturen, deren Bewegungen unterschiedlich sind, sind auch selbst unterschiedlich. Es unterscheiden sich die Bewegungen der Elemente von der Bewegung des Himmels, indem die einen sich in einer geraden Linie bewegen, der Himmel aber im Kreis, so dass er von anderer Art als diese ist. Dazu bietet Johannes Philoponos den Beweis und sagt (vgl. Simplikios, *In Aristotelis de caelo* I 2 p. 26 H.): O Aristoteles, wenn deren Bewegungen verschieden sind, dann sind auch die Naturen verschieden, im Übrigen auch deren Bewegungen selbst und auch die Naturen selbst. Und wir sehen die Bewegung der Erde unten und die des Wassers ebenso, so dass beiden eine einzige Natur ist. Auch die Luft und das Feuer sind aufsteigend, aber in ihrer Natur verschieden.

(37) Platon (*Timaeus* 32c; *Philebus* 29a) hat dargelegt, dass der himmlische Körper aus den vier Elementen zusammengefügt ist. Proklos (*In Timaeum* p. II 43 D.; vgl. II 136 D.), der dem zustimmt, sagt, dass dieser aus der Blüte der Elemente zusammengefügt ist und dass im Himmel Feuer und das Übrige nicht so ist wie hier, sondern himmlisch, wie auf der Erde das Feuer irdisch. Es stehen die Beweise derer fest, die lehren, dass der Himmel aus der Blüte der Elemente und insbesondere aus dem Feuer und der Luft besteht, die meinen, dass er der fünfte Körper ist.

περὶ τῶν ἐν τῷ οὐρανῷ νοουμένων κύκλων

(38) ἐν τῷ οὐρανῷ σφαιροειδεῖ ὄντι, κύκλοι νοοῦνται διάφοροι· μέγιστοι μὲν τρεῖς· ὁ ἰσημερινός, ὁ μεσημβρινὸς καὶ ὁ ὁρίζων. ἔστι δὲ ὁ ἰσημερινὸς ὁ δίχα διαιρῶν τὸν οὐρανὸν ἀπὸ ἀνατολῆς ἄχρι δύσεως· μεσημβρινὸς δὲ ὁ διαιρῶν τοῦτον ἀπὸ ἄρκτου μέχρι νότου, ὁρίζων δὲ ὁ διαιρῶν τὸ ὑπὲρ γῆν ἡμισφαίριον ἀπὸ τοῦ ὑπὸ γῆν. νοοῦνται δὲ κατά τε τὴν θερινὴν τροπὴν καὶ τὴν χειμερινὴν δύο κύκλοι ὁρίζοντες τὴν τοῦ ἡλίου λόξωσιν, ὑπὲρ δὲ τούτους ἕτεροι δύο κύκλοι, ὅ τε ἀρκτικὸς καὶ ὁ ἀνταρκτικός. ὑπετέθησαν δὲ οὗτοι διὰ τὸ ὁρίζειν τὴν εὔκρατον οἴκησιν ἀπὸ τῆς διὰ ψῦξιν ἀοικήτου.

τίς ἡ τῶν ἀστέρων οὐσία

(39) ἡ τῶν ἀστέρων οὐσία πυρώδης τίς ἐστι καὶ ἀερώδης, πλεῖον μετέχουσα πυρώδους φύσεως ἢ ἀερώδους. αἱ μὲν γὰρ οὐράνιαι σφαῖραι πλείονος μετέχουσι τῆς ἀερώδους φύσεως ἢ τῆς πυρώδους· οἱ δὲ ἀστέρες ἀνάπαλιν, εἰ καὶ μὴ τῷ Σταγειρίτῃ δοκεῖ. οἱ δὲ παλαιοὶ ἀμφέβαλον ὁποῖά εἰσι τιμιώτερα, αἱ οὐράνιαι σφαῖραι ὡς λεπτότεραι ἢ οἱ ἐν αὐταῖς ἀστέρες ὡς λαμπρότεροι. ταύτην δὲ τὴν ἀμφιβολίαν ἐπελύσατο ὁ Ἀριστοτέλης ἐν τῇ περὶ οὐρανοῦ πραγματείᾳ λέγων· εἰ τὸ φερόμενον κρεῖττον τοῦ φέροντος ὡς τούτου ἕνεκα γενομένου, φέρουσι δὲ αἱ σφαῖραι τοὺς ἀστέρας, οἱ δὲ φέρονται, δῆλον ὡς οὗτοι τιμιώτεροι.

περὶ σχημάτων ἀστέρων

(40) τὰ σχήματα τῶν ἀστέρων εἰσὶ σφαιροειδῆ· τῷ τοιούτῳ γὰρ σχήματι ὁ Θεὸς τὰ ὁλικώτερα τῶν κτισμάτων ἐκόσμησε τά τε τέσσαρα στοιχεῖα καὶ αὐτὸν τὸν οὐρανὸν καὶ τὰ ἐν αὐτῷ πάντα. τελειότερον γάρ, ὡς ἔφαμεν, τὸ τοιοῦτον σχῆ-

Die gedachten Kreise im Himmel

(38) Im Himmel, der kugelförmig ist, denkt man sich verschiedene Kreise: Die größten drei (sind) der Äquator (Tagundnachtgleiche), der Mittagskreis und der (dazu schiefe) Horizont. Der Äquator ist derjenige, der den Himmel von Osten nach Westen in zwei Teile teilt. Der Mittagskreis teilt ihn von Norden nach Süden, der Horizont teilt die Halbkugel über der Erde von der unter der Erde. Man denkt sich am Sommerwendekreis und am Winterwendekreis zwei Kreise, welche die Schiefe der Sonne begrenzen (*horizontes*), über diesen zwei andere Kreise, den arktischen und antarktischen. Diese nimmt man an wegen der Begrenzung der wohltemperierten Bewohnung von dem wegen der Kälte Unbewohnbaren.

Was das Wesen der Sterne ist

(39) Das Wesen der Sterne ist feurig und luftig, wobei es mehr Anteil an der feurigen als an der luftigen Natur hat. Die himmlischen Kugeln haben mehr Anteil an der luftigen Natur als an der feurigen; die Sterne umgekehrt, wenn dies auch dem Stageiriten (Aristoteles, *De caelo* II 7,2) nicht so scheint. Die Alten waren uneins darüber, welche davon wertvoller sei, die himmlischen Kugeln, da sie dünner sind, oder die Sterne in ihnen, da sie heller sind. Diese Uneinigkeit löste Aristoteles, der in seiner Abhandlung über den Himmel (*Beleg unklar*) sagt: Wenn das Getragene stärker als das Tragende ist, weil es um dessentwillen entstanden ist, tragen die Kugeln die Sterne, diese aber werden getragen; so ist klar, dass diese würdiger sind.

Die Gestalten der Sterne

(40) Die Formen der Sterne sind kugelförmig; in einer derartigen Gestalt hat Gott die meisten seiner Schöpfungen geschmückt, auch die vier Elemente, den Himmel selbst und alles in ihm. Vollendeter ist ja, wie wir gesagt haben (s. o. 26), diese Form als

μα τῶν λοιπῶν σχημάτων. πάντα γὰρ τὰ πολυγώνια σχήματα διαιρούμενα ἕτερόν τι ἀποτελεῖ σχῆμα, ὁ δὲ κύκλος διαιρούμενος οὐχ ἕτερόν τι ἀποτελεῖ. ἅμα καὶ ἁπλούστατός ἐστιν ὡς ὑπὸ μιᾶς γραμμῆς περιεχόμενος καὶ διὰ τοῦτο τῷ ἑνὶ ἐμφερής.

σχηματίζονται δὲ οἱ πλανῆται πρὸς ἀλλήλους πέντε σχήμασι· συνόδῳ, ἑξαγώνῳ, τετραγώνῳ, τριγώνῳ καὶ διαμέτρῳ. τοῦ γὰρ ζῳδιακοῦ ὅλου κύκλου εἰς δεκαδύο τμήματα διῃρημένου, ὅτε τύχῃ ὁ μὲν εἷς ἀστὴρ ἐν ἀρχῇ τινος τμήματος, ὁ δὲ ἕτερος ἐν τῇ ἀρχῇ τοῦ ἀπ' αὐτοῦ τρίτου, ἑξαγωνίζειν αὐτὸν λέγεται· εἰ δὲ ἐν τῇ ἀρχῇ τοῦ ἀπ' αὐτοῦ τετάρτου, τετραγωνίζειν· εἰ δὲ ἐν τῇ ἀρχῇ τοῦ ἀπ' αὐτοῦ πέμπτου, τριγωνίζειν· εἰ δὲ ἐν τῇ ἀρχῇ τοῦ ἀπ' αὐτοῦ ἑβδόμου, διαμετρεῖν· εἰ δὲ ἐν τῇ αὐτῇ μοίρᾳ ὦσι, συνοδεύειν. τὸ δ' αὐτὸ καὶ ἐπὶ τῶν λοιπῶν μοιρῶν. ταῦτα δὲ τὰ σχήματα ἀπὸ τῶν μουσικῶν εἴληπται λόγων, ὡς Πτολεμαῖος ἐν τῇ τετραβίβλῳ δείκνυσιν.

περὶ τῆς τῶν ἀστέρων φορᾶς

(41) ἡ φορὰ τῶν ἀστέρων ἐστὶν ἀπὸ δύσεως ἐπὶ ἀνατολήν. ἀλλ' ἡ μὲν τῶν ἑπτὰ πλανήτων ταχεῖα· ἀποκαθίσταται γὰρ ἡ μὲν σελήνη δι' ἡμερῶν κη' ἔγγιστα· ὁ δ' Ἑρμῆς διὰ μηνῶν ἕνδεκα ἔγγιστα· ἡ δὲ Ἀφροδίτη διὰ μηνῶν δεκατριῶν· ὁ δὲ ἥλιος δι' ἡμερῶν τριακοσίων ἑξήκοντα πέντε καὶ τετάρτου ἡμέρας μιᾶς· ὁ δὲ Ἄρης διὰ δύο ἥμισυ ἐτῶν ἔγγιστα· ὁ δὲ Ζεὺς δι' ἐτῶν δώδεκα· ὁ δὲ Κρόνος δι' ἐτῶν τριάκοντα.

οἱ δὲ ἀπλανεῖς ἐν τῇ ἀνωτάτω ὄντες σφαίρᾳ κινοῦνται τὴν μίαν μοῖραν κατὰ μὲν τοὺς παλαιοὺς δι' ἐτῶν ἑκατόν, κατὰ δὲ τοὺς νεωτέρους δι' ἐτῶν ἑξήκοντα ἕξ. καὶ τὸ παραδοξότατον ὅτι οὐ περὶ τὸν τοῦ παντὸς πόλον ποιοῦνται τὴν κίνησιν, ἀλλὰ κατὰ τὴν τοῦ ἡλίου λοξὴν πορείαν. ἐξ οὗ δῆλον ὡς ὁ Θεὸς τὸν ἥλιον ἐν τῷ οὐρανῷ ἐν ἀρχηγοῦ τέθηκε τάξει. (42) ὁ μὲν οὖν Ἀριστοτέλης τὸ αὐτοὺς κινεῖσθαι

die übrigen Gestalten. Alle vieleckigen Gestalten nämlich ergeben, wenn man sie zerlegt, eine andere Gestalt, der Kreis aber macht, wenn man ihn zerlegt, nichts anderes. Zugleich ist er auch der einfachste, da er von einer einzigen Linie umfasst wird und durch sie dem Einen gleichkommt.

Es sind die **Planeten** zueinander in fünf Gestalten gestaltet: als Zusammenlauf, Sechseck, Viereck, Dreieck und Diagonale. Da der ganze Tierkreis in zwölf Teile geteilt ist, sagt man, wenn gerade der eine Stern am Anfang eines Teils steht und der andere am Anfang des von ihm aus dritten, dass diese ein Sechseck bilden; wenn am Anfang des von ihm aus vierten, ein Viereck; wenn am Anfang des von ihm aus fünften, ein Dreieck; wenn am Anfang des von ihm aus siebten, eine Diagonale; wenn in demselben Teil, einen Zusammenlauf. Dasselbe gilt auch für die übrigen Teile. Diese Gestalten werden von den musikalischen Verhältnissen übernommen, wie Ptolemaios in der *Tetrabiblos* (*Apotelesmatica* I 14) zeigt.

Die Bahn der Sterne

(41) Die Bahn der Sterne ist von Aufgang (Westen) nach Untergang (Osten). Die der sieben **Planeten** ist schnell; es braucht nämlich (für einen Umlauf) der Mond ganz nah an 28 Tagen, der Merkur (Hermes) ganz nah an 11 Monaten, die Venus (Aphrodite) um die 13 Monate, die Sonne (Helios) 365¼ Tage, der Mars (Ares) ganz nah an 2½ Jahren, der Jupiter (Zeus) etwa 12 Jahre und der Saturn (Kronos) etwa 30 Jahre.

Die **Fixsterne**, die in der obersten Kugel sind, werden den Alten zufolge um ein Grad in 100 Jahren bewegt, nach den Neueren in 66 Jahren. Das am wenigsten Erwartete ist aber, dass sie ihre Bewegung nicht um den Pol des Ganzen machen, sondern auf einer zur Sonne schiefen Bahn. Daraus ist klar, dass Gott die Sonne im Himmel in die Position des Archegeten gestellt hat. (42) Aristoteles aber (*De caelo* II 7–8) nimmt nicht an, dass

καθ' ἑαυτοὺς τοὺς ἀστέρας οὐ προσδέχεται, πτοούμενος μή ποτε ἀναιρεθῶσιν αὐτῷ αἱ περὶ τοῦ πέμπτου σώματος ὑποθέσεις, ὡς τεμνόντων τῶν ἀστέρων τὸ οὐράνιον σῶμα καθάπερεί τινα ὑγρὰν οὐσίαν. ὑποτίθησι δὲ τὰς ἀνελιττούσας κινούσας αὐτοὺς πεπηγμένους ὄντας.

οἱ δὲ μετ' αὐτὸν κινεῖσθαι μὲν αὐτοὺς καθ' ἑαυτοὺς ἐδόξασαν, πλὴν τοὺς πλανήτας ἐπὶ ἐπικύκλων καὶ ἐκκέντρων φασὶ κινεῖσθαι. πλάττουσι γὰρ σφαίρας τὰς μὲν μὴ τὸ αὐτὸ κέντρον ἐχούσας τῇ γῇ, ἀλλὰ πρὸς μὲν τῷ ἑνὶ μέρει πλησιαζούσας αὐτῇ, πρὸς δὲ τῷ ἑτέρῳ πορρώτερον οὔσας, ἃς ἐκκέντρους ἐκάλεσαν, καὶ ἑτέρας ἐπ' αὐτοῦ τοῦ ἐκκέντρου μικρὰς κυλιομένας, ἐφ' ὧν βεβηκέναι λέγουσι τοὺς πλανήτας, ἃς ἐπικύκλους ὠνόμασαν. ἠναγκάσθησαν δὲ ταῦτα ὑποθέσθαι καὶ πλεῖστον μόχθον καὶ πόνον ὑποστῆναι εἰς τὴν τῶν τοιούτων ὑποθέσεων σύστασιν διὰ τοιαύτην αἰτίαν. (43) θεοὺς τοὺς ἀστέρας οἱ Ἕλληνες νομίζοντες εἶναι καὶ ὁρῶντες τούτους ἐν τῷ διοδεύειν τὴν οἰκείαν πορείαν ἐφ' ἡμέραις τισὶν ἱσταμένους ἀμετακινήτους, εἶτα ἐπὶ τὰ ὄπισθεν ἀναποδίζοντας, εἶτα πάλιν στηρίζοντας καὶ εὐθὺς προποδίζοντας, καὶ δόξαντες ἀλλοτρίαν τῶν θείων σωμάτων τὴν τοιαύτην πλάνην, ὑπέθεντο τὰς τοιαύτας ὑποθέσεις πρὸς τὸ δεῖξαι μηδέν τι τοιοῦτον πάθος τοὺς ἀστέρας ὑφισταμένους, ἀλλὰ διὰ τὴν τῶν ἐκκέντρων καὶ ἐπικύκλων κίνησιν φαίνεσθαι ἡμῖν καὶ στηρίζοντας καὶ ἀναποδίζοντας, μηδὲν δὲ αὐτοὺς τοιοῦτον πάσχοντας. καὶ κατασκευάσαι βουλόμενοι ὁμαλὰς τὰς τῶν οὐρανίων κινήσεις, ἔλαθον ἑαυτοὺς πολλῆς ἀναπλήσαντες ἀνωμαλίας τὰ οὐράνια. ἐμοὶ δὲ δοκεῖ αὐτοὺς τοὺς ἀστέρας τὴν τοιαύτην ὑποστῆναι ἀνωμαλίαν ὡς σώματα, πλὴν τεταγμένην· τὰ γὰρ ἐνταῦθα καὶ ἀνώμαλα καὶ ἄτακτα· τὰ δ' ἐν ἐκείνοις καὶ ἀνώμαλα καὶ τεταγμένα· τὰ δὲ τούτων ἄνωθεν καὶ τεταγμένα καὶ ὁμαλά.

die Sterne sich von sich aus bewegen, da er befürchtet, dass ihm die Hypothesen zum fünften Körper (s. o. 36) einmal aufgehoben würden, weil die Sterne den Himmelskörper wie ein flüssiges Wesen durchschneiden; seine Hypothese ist nämlich, dass die sich drehenden Bewegenden feststehend sind.

Die (Gelehrten) nach ihm glaubten, dass (die Sterne) sich von sich aus bewegen, außer dass sie sagen, dass sich die Planeten auf epizyklischen und exzentrischen (Kugeln) bewegen. Sie stellen die Kugeln dar, die nicht dasselbe Zentrum wie die Erde haben, sondern sich ihr in einem Teil nähern, im anderen aber ferne sind, was sie exzentrisch nannten, und die auf diesem Exzenter noch andere kleine Bewegungen durchführen, auf denen, wie sie sagen, die Planeten laufen und die sie epizyklisch nannten. Sie waren zu diesen Hypothesen gezwungen und dazu, viel Anstrengung und Mühe für die Aufrechterhaltung dieser Hypothesen aufzubringen, und zwar aus folgender Ursache: (43) Die Griechen glaubten, die Sterne seien Götter, und da sie sahen, dass jene (Planeten) im Durchlaufen ihrer jeweiligen Bahn einige Tage unbewegt stehen bleiben, dann rückwärts laufen, dann wieder stehen bleiben und sogleich wieder voranlaufen, und meinten, dass ein solches Umherirren göttlichen Körpern fremd sei, nahmen sie die derartigen Hypothesen an, um zu zeigen, dass die Sterne kein solches Geschehen aushalten, sondern uns zwar durch die Bewegung der exzentrischen und epizyklischen (Bahnen) zwar stehenbleibend und sogar rückwärtslaufend erscheinen, dass mit ihnen aber nichts Dergleichen geschieht. Und da sie die Bewegungen der Himmelskörper etablieren wollten, blieb ihnen verborgen, dass die Himmelskörper mit viel Unregelmäßigkeit gefüllt sind. Mir aber scheint, dass die Sterne selbst dieselbe Unregelmäßigkeit aufweisen wie Körper, außer der Festlegung; die Unregelmäßigkeiten sind hier auch nicht festgelegt, die bei jenen aber sind unregelmäßig und festgelegt; das, was oberhalb von ihnen liegt, ist festgelegt und regelmäßig.

πόθεν φωτίζονται οἱ ἀστέρες

(44) περὶ τούτου πολλὴ ἀμφιβολία τοῖς πάλαι σοφοῖς ἐγένετο. τινὲς γὰρ ὁρῶντες τὴν σελήνην παρὰ τοῦ ἡλίου δεχομένην τὸ φῶς ἀπεφήναντο καὶ περὶ πάντων τῶν ἀστέρων, ὡς καὶ αὐτοὶ παρὰ τοῦ ἡλίου φωτίζονται. ἕτεροι δὲ ὁρῶντες τήν τε Ἀφροδίτην καὶ τὸν Ἑρμῆν ὑπὸ τὸν ἥλιον ὄντας καὶ μὴ πόρρωθεν αὐτοῦ ἀφισταμένους ὡς φωτίζεσθαι παρ' αὐτοῦ, ἐδόξασαν ἔχειν τούτους τε καὶ τοὺς ἄλλους οἰκεῖον φῶς.

πῶς γίνονται οἱ τέσσαρες καιροί

(45) πάντα μὲν ὅσα τὸ θεῖον ἐδημιούργησε καὶ σοφίας ἀνάμεστα καὶ θαύματος ἄξια, μάλιστα δὲ τὸ τῆς ἡλιακῆς πορείας λοξὸν ὡς ἐμοὶ ἐν ἑτέρῳ συγγράμματι ἀποδέδεικται τῷ περὶ αἰτίας οὐρανίων ἐπιγραφομένῳ. οὐ γὰρ μέσον τοῦ οὐρανοῦ κατὰ τοῦ ἰσημερινοῦ διοδεύει, ἀλλὰ κλίνει πρὸς μὲν βορρᾶν μοίρας κδ' ἔγγιστα, πρὸς δὲ νότον ὁμοίως. ὅταν οὖν ἀνερχόμενος ἀπὸ νότου κατὰ τὸν ἰσημερινὸν γένηται, τὴν ἐαρινὴν ποιεῖται τροπήν. ὅταν δὲ τὸ τέρμα τῆς αὐτοῦ λοξώσεως τῆς πρὸς βορρᾶν καταλάβῃ, τὴν θερινὴν ἐργάζεται τροπὴν καὶ πλησιάζει ἡμῖν διὰ τὸ τὴν ἡμετέραν οἴκησιν ὡς ἔφαμεν βορειοτέραν εἶναι. ἡνίκα δ' αὖθις πρὸς τὸν ἰσημερινὸν ὑποστρέψῃ, τὴν φθινοπωρινὴν ἀποτελεῖ καὶ ὅτε πρὸς τὸ ἔσχατον τῆς νοτίας αὐτοῦ λοξώσεως καταντήσῃ, τὴν χειμερινήν, διὰ τὸ τηνικαῦτα εἶναι πόρρωθεν ἡμῶν. καὶ ἡ τοιαύτη λόξωσις τοῦ ἡλίου αἰτία γίνεται τῆς τῶν τεσσάρων τοῦ ἐνιαυτοῦ καιρῶν γενέσεως· καὶ οὐ μόνον τούτων, ἀλλὰ καὶ ἑτέρων χρησιμωτάτων καὶ ἀναγκαίων τῷ κόσμῳ πραγμάτων, ὡς πλατύτερον ἡμῖν ἀπεδείχθη ἐν τῷ μνημονευθέντι συγγράμματι.

Woher die Sterne leuchten

(44) Darüber gab bei den alten Gelehrten eine vielfältige Kontroverse. Manche sahen nämlich, dass der Mond von der Sonne das Licht erhält, und nahmen von den anderen Sternen an, dass auch sie von der Sonne beleuchtet werden. Andere sahen, dass die Venus und der Merkur unterhalb der Sonne sind und nicht so weit von ihr entfernt liegen, dass sie von ihr beleuchtet werden könnten; sie glaubten daher, dass sie und die anderen ein eigenes Licht haben.

Wie die vier Jahreszeiten entstehen

(45) Alles, was das Göttliche geschaffen hat, ist voll von Weisheit und bewunderswert, am meisten aber die schiefe Bahn der Sonne, wir von mir in einer anderen Schrift dargelegt ist, die *Die Ursache der Himmlischen* betitelt ist (s. o. Einführung S. 11). Nicht mitten im Himmel geht sie am Äquator hindurch, sondern sie ist zum nördlichen Teil hin geneigt, ganz nah an 24 Grad, ebenso nach Süden. Wenn sie also von Süden zum Äquator hinaufgehend ist, macht sie den Frühjahr-Wendekreis. Wenn sie den Wendepunkt ihrer schiefen Bahn im Norden erlangt hat, bewirkt sie den Sommer-Wendekreis und nähert sich uns durch unsere eigene Wohnstatt, die wir als nördlicher benannt haben. Wenn sie sich wiederum zum Äquator zurückwendet, bewirkt sie den Herbst und wenn sie zum äußersten Punkt im Süden ihrer schiefen Bahn gelangt ist, den Winter, da sie dann weit weg von uns ist. Diese schiefe Bahn der Sonne ist die Ursache für die Entstehung der vier Jahreszeiten – und nicht nur für diese, sondern auch für andere Dinge im Weltall, die sehr nützlich und notwendig sind, wie von uns ausführlicher in der erwähnten Schrift dargelegt worden ist.

(46) τὸ τοῦ ἡλίου μέγεθος ἄπιστόν τι δοκεῖ τοῖς γε ἀγεωμετρήτοις καὶ τοῖς τῆς φιλοσοφίας ἀμυήτοις. πάντες μὲν οὖν οἱ μαθηματικοὶ ἀπεφήναντο τοῦτον τῆς γῆς μείζονα, διεφώνησαν δὲ περὶ τοῦ ὁπόσον ἐστὶ μείζων καὶ πολυπλάσιος. ὁ δὲ σοφώτατος Πτολεμαῖος διὰ γεωμετρικῶν ἀπέδειξε μεθόδων ἑκατονεβδομηκονταπλασίονα τοῦτον τῆς γῆς εἶναι. καὶ τὸ μὲν τὴν ἐκείνου ἀπόδειξιν προτιθέναι καὶ διασαφῆσαι τῆς προκειμένης ἀλλότριον πραγματείας. ἐνταῦθα δὲ δειχθήσεται ἐναργῶς καὶ ἀναμφηρίστως ὡς μείζων ἐστὶ τῆς γῆς ὁ ἥλιος τοιουτοτρόπως. (47) πᾶν τὸ φωτίζον ἢ μεῖζόν ἐστι τοῦ φωτιζομένου ἢ ἴσον ἢ ἔλαττον. ἀλλ' εἰ μὲν μεῖζόν ἐστι, κωνοειδῆ ποιεῖ τὴν σκιάν, ἀπὸ πλατείας ἀρχομένην βάσεως καὶ περατουμένην εἰς ὀξεῖαν κορυφήν· εἰ δὲ ἴσον, ἐπ' ἄπειρον ἰέναι παρασκευάζει τὴν σκιὰν μεταξὺ παραλλήλων εὐθειῶν· εἰ δὲ ἔλαττον, καλαθοειδῆ ταύτην ἀπεργάζεται ἀπὸ στενῆς τῆς βάσεως πλατυνομένην ἐπ' ἄπειρον. ἐπεὶ δὲ ἡ γῆ παρὰ τοῦ ἡλίου φωτιζομένη κωνοειδῆ ποιεῖ τὴν σκιάν, ἐλάττων αὐτοῦ ἐστιν.

ὅτι δὲ ἡ γῆ κωνοειδῆ ποιεῖ τὴν σκιὰν δῆλον ἐκ τῶν τῆς σελήνης ἐκλείψεων. ὅτε γὰρ ἐκλείψῃ ἐν τῷ ἀπογείῳ αὐτῆς, πόρρωθέν ἐστι τῆς γῆς καὶ ταχέως ἐκλάμπεται ὡς τὸ λεπτότερον μέρος διερχομένη τῆς σκιᾶς. ὅτε δὲ ἐν τῷ περιγείῳ, ἐμβραδύνει τῇ ἐκλείψει ὡς τὸ παχύτερον μέρος τῆς σκιᾶς διερχομένη. (48) οὐ μὴν ἀλλὰ καὶ ἐκ πολλῶν ἄλλων δείκνυται τὸ περατοῦσθαι τὸ τῆς γῆς σκίασμα· εἰ γὰρ ἐπ' ἄπειρον προῄει, ἐσκότιζεν ἂν οὐκ ὀλίγους τῶν ἀστέρων καὶ καθ' ἑκάστην νύκτα ἐκλείπειν τούτους ἐποίει. νῦν δὲ οὐ φαίνεταί τι τοιοῦτον. περὶ ταύτης δὲ τῆς σκιᾶς φησι καὶ ὁ ποιητής·

Die Größe und Gestalt der Sonne

(46) Die Größe der Sonne scheint denen, die keine Geometrie beherrschen, und den in Philosophie nicht Eingeweihten unverständlich. Alle Mathematiker hingegen haben dargelegt, dass sie größer als die Erde ist, und sich nur unterschiedlich dazu geäußert, um wie viel größer und vielfach sie ist. Der weiseste Ptolemaios (*Almagest* V 16) hat mit geometrischen Methoden dargelegt, dass sie 170-mal so groß wie die Erde ist. Seine Darlegung vorzustellen und zu erklären ist etwas, das dem vorliegenden Vorhaben fremd ist. Hier soll nur einleuchtend und unbestritten dargelegt werden, dass die Sonne größer als die Erde ist, und zwar auf folgende Weise: (47) Alles, was leuchtet, ist entweder größer als des Beleuchtete oder gleich groß oder kleiner. Wenn es größer ist, machte es den Schatten kegelförmig, beginnend mit der Breite der Basis und sich zu einem spitzen Gipfel verjüngend; wenn es gleich groß ist, bewirkt es, dass der Schatten ins Unendliche zwischen zwei geraden Linien läuft; wenn es kleiner ist, macht es den Schatten korbförmig: Er erweitert sich von einer engen Basis aus ins Unendliche. Da aber die Erde, die von der Sonne beleuchtet wird, den Schatten kegelförmig macht, ist sie kleiner als jene.

Dass die Erde den Schatten kegelförmig macht, ist aus den Finsternissen des Mondes klar. Wenn der nämlich in der Erdferne finster wird, ist er weit entfernt von der Erde und leuchtet rasch wieder, da der dünnere Teil des Schattens durchkommt. Wenn er aber in der Erdnähe ist, verweilt er in der Finsternis, da der dichtere Teil des Schattens durchkommt. (48) Zudem wird auch aus vielem Anderen deutlich, dass der Schatten der Erde begrenzt ist: Wenn er nämlich ins Unendliche fortschritte, würde er nicht wenige Sterne verdunkeln und sie in jeder Nacht verfinstern. Nun aber erscheint nichts von dieser Art. Über den Schatten selbst sagt auch der Dichter:

ἐν δ' ἔπεσ' ὠκεανῷ λαμπρὸν φάος ἠελίοιο
ἕλκον νύκτα μέλαιναν ἐπὶ ζείδωρον ἄρουραν.

ἀλλὰ καὶ ἐκ τοῦδε δῆλον τὸ τοῦ ἡλίου μέγεθος. ἡ Συήνη ὑπὸ τὸν θερινὸν κεῖται τροπικόν. ὁπόταν οὖν ὁ ἥλιος ἐκεῖσε γένηται κατὰ μεσημβρίαν, ἄσκια ποιεῖ τὰ ἐκεῖσε σώματα ἐπὶ σταδίους τριακοσίους. εἰ γοῦν ὁ κύκλος ὃν διαπορεύεται ὁ ἥλιος μυριοπλασίων ἐστὶ τῆς γῆς, καὶ τὸ μέρος τοῦ κύκλου τούτου ὅπερ ἐπέχει τὸ τοῦ ἡλίου μέγεθος μυριοπλάσιον εἶναι δεῖ τοῦ δηλωθέντος ἀσκίου τῆς γῆς τμήματος.

τὸ δὲ τοῦ ἡλίου σχῆμα ὅτι ἐστὶ σφαιροειδὲς ὡσαύτως καὶ τῶν λοιπῶν ἐν οὐρανῷ σωμάτων πρόδηλον ὡς εἴρηται καὶ σαφέστερον ἐν τῷ περὶ σχήματος τῆς σελήνης λόγῳ ῥηθήσεται.

περὶ τῆς τοῦ ἡλίου ἐκλείψεως

(49) ἡ τοῦ ἡλίου ἔκλειψις γίνεται ὅτε ἡ σελήνη τὸν ἥλιον ἐν συνόδῳ ὑποδράμῃ μὴ ἔχουσα πλάτος πρὸς τὸν ζῳδιακὸν κύκλον. τηνικαῦτα γὰρ ἀντιφράττει ταῖς ἀκτῖσιν αὐτοῦ ὥστε μὴ καταλαμβάνειν τὴν γῆν. διὰ τοῦτο ἐν συνόδῳ ἀεὶ γίνεται ἡ ἡλιακὴ ἔκλειψις, πλὴν τῆς γενομένης ἐπὶ τοῦ σωτηρίου πάθους τοῦ Κυρίου ἡμῶν· ἐκείνη γὰρ παραδόξως ἐν πανσελήνῳ γέγονεν. αἱ δὲ ἐκλείψεις ποτὲ μὲν καθόλου, ποτὲ δὲ μερικαὶ γίνονται. καθόλου μὲν ὅτε ὅλος ὁ ἡλιακὸς κύκλος ἐπισκοτισθῇ, κατὰ κάθετον γεγονότων τῶν κέντρων τοῦ τε ἡλίου καὶ τῆς σελήνης· μερικαὶ δὲ ὅτε μέρος τούτου ἐκλείψῃ. οὐκ ἐν πάσῃ δὲ τῇ οἰκουμένῃ ὁ ἥλιος ἐκλείπων φαίνεται, ἀλλὰ παρὰ μέρεσί τισι. καὶ γὰρ ἐνταῦθα ἐπὶ τῆς τοῦ Κομνηνοῦ βασιλείας ὅλος ἐκλείψας πρὸς δυσμαῖς, ἐν Αἰγύπτῳ οὐχ ὅλος ἐξέλιπεν, ὡς ἐκεῖσε παραγεγονὼς ἠκριβωσάμην. οἱ οὖν μαθηματικοὶ ὅσον κατὰ τὸ φαινόμενον εἰς

In den Ozean sank die strahlende Sonne, sie zog das
Dunkel der Nacht weit über die nahrungsspendende Erde.
(Homer, *Ilias* 8,485–486)

Aber auch aus Folgendem ist die Größe der Sonne klar: Syene (Assuan; s. o. 10) liegt unter dem Sommer-Wendekreis. Wenn nun die Sonne dort am Mittag scheint, macht sie dortige Körper auf 300 Stadien schattenlos. Wenn also der Kreis, den die Sonne durchschreitet, das Zehntausendfache der Erde ist, muss auch der Teil dieses Kreises, der die Größe der Sonne umfasst, das Zehntausendfache des offenbar gewordenen schattenlosen Teils der Erde sein.

Die Gestalt der Sonne, die ja kugelförmig ist, und der sonstigen Himmelskörper ist offenkundig, wie gesagt worden ist und wie noch deutlich in dem Abschnitt über die Gestalt des Mondes gesagt werden wird (s. u. 50 ff.).

Sonnenfinsternis

(49) Die Sonnenfinsternis geschieht, wenn der Mond im Zusammenlauf mit der Sonne verläuft und keine Breite auf dem Tierkreis hat; dann nämlich versperrt er den Strahlen der Sonne den Weg, so dass sie die Erde nicht erfassen. Deshalb geschieht die Sonnenfinsternis immer bei einem Zusammenlauf (Neumond), außer der, die bei der Passion des Erlösers geschehen ist, unseres Herrn: Jene nämlich ist wider Erwarten bei Vollmond geschehen. Die Finsternisse sind manchmal vollständig, manchmal teilweise. Vollständig sind sie, wenn der ganze Sonnenkreis verdeckt ist, wenn senkrecht übereinander die Zentren von Sonne und Mond sind; teilweise sind sie, wenn ein Teil von ihr verdeckt wird. Nicht auf der ganzen bewohnten Erde erscheint die Sonne verdeckt, sondern nur in bestimmten Teilen. Hier nämlich ist zur Kaiserherrschaft des (Isaak I.) Komnenos (s. o. Einführung S. 8) die Sonne beim Untergang ganz verfinstert gewesen, in Ägypten aber nicht ganz ausgeblieben, wie ich, der

δώδεκα δακτύλους τὴν τοῦ ἡλίου καὶ τῆς σελήνης διεῖλον ἐπιφάνειαν· καὶ εἰ μὲν καθ' ἥμισυ φαίνεται ἡ ἔκλειψις, ἑξαδάκτυλον ταύτην ὀνομάζουσιν· εἰ δὲ κατὰ τὸ τρίτον, τετραδάκτυλον, καὶ ἀναλόγως ἐπὶ τῶν λοιπῶν.

περὶ οὐσίας καὶ φωτισμῶν σελήνης καὶ σχήματος

(50) εἰ καὶ οἱ Ἀριστοτελικοὶ πέμπτον ὑπέθεντο σῶμα τὸν οὐρανόν, ἀλλ' οὖν ὁμολογοῦσι μέρη μὲν αὐτοῦ εἶναι παχύτερα, καὶ μάλιστα τὰ τῇ γῇ προσεγγίζοντα, μέρη δὲ λεπτότερα τὰ ἄνωθεν καὶ πορρώτερα τῆς γῆς. ἡ γοῦν σελήνη τῷ ἐν γενέσει καὶ φθορᾷ τούτῳ κόσμῳ πλησιάζουσα οὐκ ἄμοιρος οὐδ' ἀμέτοχος κατελείφθη τῶν τούτου κακῶν, ἀλλὰ παχεῖαν καὶ ὡσανεὶ γεώδη τὴν ὑπόστασιν ἔχει. καὶ οὐ πάντῃ ὁμαλὴ δι' ὅλου αὐτῆς τοῦ σώματός ἐστιν, ἀλλ' ἔστι τινὰ παρ' αὐτῇ μέρη φωτὸς ἄδεκτα καὶ μέλανα τὰ διὰ μέσου αὐτῆς ἐμφαινόμενα καὶ λεγόμενα πρόσωπον αὐτῆς. καὶ ὥσπερ τὰ ἐν γενέσει καὶ φθορᾷ ἀρχὴν ἔχει καὶ αὔξησιν καὶ ἀκμὴν καὶ παρακμήν, οὕτω καὶ ταύτης τελεῖται ὁ φωτισμός. καὶ οὐ μόνον ἐν τούτοις ἐνδεῖται τῶν λοιπῶν οὐρανίων σωμάτων, ἀλλὰ καὶ ἐμπίπτει ἐνίοτε τῷ σκιάσματι τῆς γῆς καὶ ἐκλείπει, οὐ πρὸς τὴν ἡμετέραν ὄψιν καθάπερ ὁ ἥλιος, ἀλλ' αὐτὴ κατὰ τὸ οἰκεῖον φῶς ὃ παρὰ τοῦ ἡλίου δέχεται.

(51) ὅτι δὲ παρὰ τούτου ἡ σελήνη δέχεται τὸ φῶς δῆλον καὶ τοῖς ὁπωσοῦν τετηρηκόσιν· ἀεὶ γὰρ τὸ πεφωτισμένον μέρος πρὸς τὸν ἥλιον ἔχει ἔνθα ἂν καὶ ὑπάρχῃ. κάτωθεν γὰρ οὖσα τοῦ ἡλίου ὅτε συνοδεύσῃ αὐτῷ, τὰ μὲν πρὸς ἡμᾶς αὐτῆς μέρη ἀφώτιστα ἔχει, τὰ δὲ πρὸς τὸν ἥλιον πεφωτισμένα· ὅτε δὲ ἀποστῇ τοῦ ἡλίου, ἐλάχιστον ἄρχεται μόριόν τι τοῦ πρὸς ἡμᾶς μέρους αὐτῆς καταυγάζεσθαι καὶ γίνεται μηνοειδής· εἶτα ἐπὶ πλέον ἀποστᾶσα πλεῖον φωτίζεται καὶ γίνεται διχότομος, εἶτα ἀμφίκυρτος καὶ διαμετροῦσα πανσέληνος· εἶτα παρελθοῦσα τὴν διάμετρον, ὁρᾶται αὖθις ἀμφίκυρτος καὶ

ich hier war, bestätigt habe. Die Mathematiker definieren die Erscheinung von Sonne und Mond als 12 Fingerbreit. Wenn die Finsternis nur halb erscheint, benennen sie sie als 6 Fingerbreit, wenn ein Drittel, 4 Fingerbreit und analog beim Übrigen.

Wesen, Leuchten und Gestalt des Mondes

(50) Wenn die Aristoteliker (*Meteorologica* I 3,12 ff.) auch als einen fünften Körper den Himmel angenommen haben (s. o. 36), stimmen sie jedoch nicht zu, dass dessen Teile dichter sind, sondern am ehesten der Erde nahekommen, die Teile weiter oben aber feiner und weiter entfernt von der Erde sind. Der Mond nähert sich bei seinem Zu- und Abnehmen diesem Weltall, doch nicht ohne Anteil und nicht ohne Teilhabe wird er von dessen Übeln erfasst, hat aber eine dichte und gleichsam erdartige Konsistenz. Nicht ganz gleich ist er ihr in seinem ganzen Körper, sondern es sind gewisse Teile bei ihm nicht für Licht empfänglich, durch seine Mitte hindurch schwarz erscheinend, und werden als Mondgesicht benannt. Wie beim Zu- und Abnehmen hat er einen Anfang, einen Aufgang, einen Höhepunkt und einen Niedergang; so wird auch sein Scheinen begrenzt. Nicht nur darin fehlt ihm etwas im Vergleich zu den anderen Himmelskörpern, sondern er gerät auch manchmal in den Schatten der Erde und bleibt aus, nicht für unsere Sicht wie die Sonne, sondern selbst mit seinem eigenen Licht, das er von der Sonne erhält.

(51) Dass der Mond von dieser das Licht erhält, ist auch für die klar, die ihn von wo auch immer betrachten: Immer nämlich hat er den beleuchteten Teil zur Sonne, wo sie (jeweils) ist. Unterhalb ist er ja von der Sonne, wenn er mit ihr zusammen läuft, und hat den uns zugewandten Teil unbeleuchtet, den zur Sonne hin beleuchtet. Wenn er sich von der Sonne entfernt, beginnt ein ganz kleines Teilchen von dem uns zugewandten Teil zu wachsen und wird sichelförmig; wenn er dann weiter fortgeht, leuchtet er mehr auf und wird halbiert, dann beidseitig gekrümmt und in der Diagonale vollmondförmig; dann durchläuft er die Diagonale und

πάλιν διχότομος καὶ μετὰ ταῦτα μηνοειδὴς καὶ τέλος συνοδεύουσα τῷ ἡλίῳ ἀφανὴς ἡμῖν γίνεται.

(52) ἐπηπόρουν δὲ οἱ ἀρχαῖοι πῶς δέχεται καὶ ἐκπέμπει ἐνταῦθα τὸ φῶς. καὶ οἱ μὲν ἔφασαν κατὰ ἀνάκλασιν γίνεσθαι τὸ ταύτης φῶς ὥσπερ ἐπί τε τῶν κατόπτρων καὶ τῶν λείων γίνεται σωμάτων, οἱ δὲ καθ' ὑποδοχὴν καὶ ἕνωσιν ἐδόξασαν αὐτὴν φωτίζεσθαι. καὶ τὸ μὲν κατ' ἀνάκλασιν ἀπ' αὐτῆς γινομένην φωτίζειν αὐτὴν πιθανὸν μὲν τοῖς πλείστοις, οὐκ ἀληθὲς δέ· ἐτηρήθησαν γὰρ αἱ ἀντανακλάσεις ἀπό τε τῶν μεγίστων καὶ ἐλαχίστων λείων σωμάτων, μὴ πλεῖον δύο διϊοῦσαι σταδίων. ἀλλὰ καὶ ἄλλως· πᾶσαι αἱ ἀντανακλάσεις ἀεί, ὡς ἐν τοῖς ὀπτικοῖς δείκνυται, κατ' ἴσας γωνίας ἀνακλῶνται. καὶ εἰ τοιοῦτον ἦν ἐπὶ τῆς σελήνης, ἔδει, ὅτε κατὰ διάμετρόν ἐστι τοῦ ἡλίου ἐν πανσελήνῳ, μὴ κάτω ἐπὶ τὴν γῆν ἀνακλᾶσθαι τὰς ἀκτῖνας, ἀλλὰ πρὸς τὸν ἥλιον. καὶ ἕτεραι πολλαὶ δείξεις ταύτην ἀνατρέπουσι τὴν δόξαν· λείπεται τοίνυν καθ' ὑποδοχὴν καὶ ἕνωσιν πρὸς τὸ ἡλιακὸν φῶς αὐτὴν ἐλλαμπομένην ἐπιλάμπειν καὶ τοῖς τῇδε. (53) ἀπορήσειε δ' ἄν τις· εἰ κεκράτηται αὐτῇ τὸ ἡλιακὸν φῶς, ὅλην ἔδει αὐτὴν φωτίζεσθαι καὶ πλησιφαῆ διηνεκῶς εἶναι. καὶ λέγομεν πρὸς τοῦτο ὅτι πολὺ τὸ βάθος ἔχει καὶ μεγίστην τὴν διάμετρον καὶ διὰ τοῦτο οὐ μέχρι πάσης αἱ τοῦ ἡλίου ἀκτῖνες διϊκνοῦνται, ἀλλ' ἐπὶ πλεῖστον διϊοῦσαι παύονται.

ὅτι δὲ σφαιροειδής ἐστι τὸ σχῆμα, δῆλον ἐκ τῶν ταύτης φωτισμῶν. εἰ γὰρ ἦν δισκοειδής, ἅμα τῷ προσπεσεῖν αὐτῇ τὰς ἡλιακὰς ἀκτῖνας ἐφωτίζετο, μηδενὸς ἐπιπροσθοῦντος κυρτώματος. νῦν δὲ σφαιροειδὴς οὖσα κατὰ μέρος φωτίζεται ταῖς ἀκτῖσι διὰ τὸ ἐπιπροσθεῖσθαι τὰ λοιπὰ μέρη τῇ κυρτότητι τοῦ τοιούτου σχήματος.

τὸ δὲ τῆς σελήνης μέγεθος ἔλαττόν ἐστι τῆς γῆς καὶ ὑποτριακονταενναπλάσιον· κατὰ δέ τινας ὑποεικοσιενναπλάσιον.

wird wieder beidseitig gekrümmt gesehen, danach halbiert, dann sichelförmig und schließlich, wenn er mit der Sonne zusammen läuft, wird er für uns unsichtbar.

(52) Unwissend waren die Alten darüber, wie er dort dieses Licht empfängt und aussendet. Die einen sagten, dass sein Licht mit einer Reflexion erfolge, wie bei Spiegeln und glatten Körpern; die anderen glaubten, er leuchte nach Annahme und Vereinigung (mit dem Sonnenlicht). Und dass er nach einer Spiegelung, die von ihm geschieht, leuchtet, scheint den meisten überzeugend, es ist aber nicht wahr. Bewahrt werden die Spiegelungen von den größten und kleinsten glatten Körpern, wobei sie nicht mehr als 2 Stadien durchlaufen. Aber auch anders: Alle Spiegelungen werden jeweils, wie in der Optik gezeigt wird, in gleichen Winkeln gespiegelt. Und wenn es so auch beim Mond ist, dann müssten, wenn er in Diagonale der Sonne bei Vollmond steht, die Strahlen nicht unterhalb der Erde gespiegelt werden, sondern zur Sonne hin. Und viele andere Belege wenden sich gegen diese Lehre; es bleibt also noch, dass er nach Annahme und Vereinigung mit dem Sonnenlicht erleuchtet wird und denen dort dann selbst leuchtet. (53) Man könnte das nicht verstehen: Wenn mit ihm das Sonnenlicht vermischt würde, müsste er ganz aufleuchten und durchgehend in vollem Licht erstrahlen. Und wir sagen dazu, dass groß die Tiefe ist und sehr groß die Diagonale und deshalb bis zum ganzen Mond nicht alle Sonnenstrahlen durchkommen, sondern nach dem größten Teil der Strecke aufhören.

Dass seine Gestalt kugelförmig ist, ist aus dem Licht von ihm klar. Wäre er nämlich scheibenförmig, würde er zugleich mit dem Aufprallen der Sonnenstrahlen auf ihm aufleuchten, da keine Krümmung dazu käme. Nun aber, da er kugelförmig ist, leuchtet er Teil für Teil mit den Strahlen auf, wegen des Zulaufens auf die übrigen Teile durch die Krümmung dieser Gestalt.

Die Größe des Mondes ist geringer als die der Erde, und zwar 1/39, nach manchen auch 1/29.

περὶ σελήνης ἐκλείψεως

(54) ἐκλείπει δὲ ἡ σελήνη κατὰ διάμετρον τῷ ἡλίῳ γενομένη ὅτε μὴ ἔχει πλάτος κλίνουσα εἴτε ἐπὶ βορρᾶν εἴτε ἐπὶ νότον, ἀλλὰ τὴν αὐτὴν τῷ ἡλίῳ τρίβον διοδεύει. ἐμπίπτει γὰρ τὸ τηνικαῦτα τῷ τῆς γῆς σκιάσματι. καὶ εἰ μὲν ἀπόγειός ἐστι, τάχιον διέρχεται τὴν σκιὰν ὡς λεπτοτάτην ἄνωθεν τυγχάνουσαν ὡς προείπομεν. εἰ δὲ περίγειός ἐστι, ποιεῖται διαμονὴν καὶ ἐμβραδύνει πρὸς τὸ ποιῆσαι ἀνακάθαρσιν διὰ τὸ κάτωθεν εἶναι παχεῖαν τὴν σκιάν. ἐντεῦθεν ἔλαβον οἱ πάλαι σοφοὶ πρόφασιν τῆς κατανοήσεως τοῦ ἀπὸ τῆς γῆς μέχρι τοῦ οὐρανοῦ διαστήματος. τηρήσαντες γὰρ ὡς ὁ ἥλιος ἅμα τῷ ἀνατεῖλαι ποιεῖ τὰς σκιὰς ἑξηκονταπλασίους τῶν σκιαζομένων, ἀπεφήναντο ὡς δεῖ καὶ τὸ σχῆμα τῆς σκιᾶς τῆς γῆς ἑξηκονταπλάσιον εἶναι τῆς διαμέτρου αὐτῆς, καὶ ὡς, ἐπεὶ μέχρι τῆς ἡλιακῆς σφαίρας τὸ ὀξὺ αὐτῆς καταλήγει, εἴ γε ἑξήκοντα καθ' ὑπόθεσιν γαῖαι ἐπ' ἀλλήλαις τεθῶσι, καταλήψονται ἄχρι τῆς ἡλιακῆς σφαίρας. (55) κἀντεῦθεν συλλογισάμενοι κατέλαβον ὡς τὸ διάστημα τὸ μεταξὺ τῆς γῆς καὶ τῆς σεληνιακῆς σφαίρας τοσοῦτόν ἐστιν ὅσον ἡ ἐκ τοῦ κέντρου τῆς γῆς τεσσαράκοντα ἔγγιστα.

ἐκλείπει δὲ ἡ σελήνη ποτὲ μὲν ὅλη, ποτὲ δὲ μερικῶς. καὶ ὅλη ἐκλείπουσα, ποτὲ μὲν ποιεῖται διαμονὴν ὅτε πρὸς τῷ παχυτέρῳ μέρει τῆς σκιᾶς τύχῃ, ποτὲ δὲ ἅμα τῷ καλυφθῆναι ἄρχεται ποιεῖν ἀνακάθαρσιν, ὅτε ἄνωθεν ἐκλείψῃ πρὸς τῷ λεπτῷ τῆς σκιᾶς μέρει. οὐχ ὥσπερ δὲ τὸν ἥλιον ἐνδέχεται ὁρᾶσθαι ἔν τινι μὲν τόπῳ ἐκλείποντα, ἔν τινι δὲ οὔ, οὕτω καὶ ἐπὶ τῆς σελήνης, ἀλλὰ πανταχοῦ γῆς ἡ ταύτης ἔκλειψις γίνεται καὶ ὁρᾶται, εἰ μή γε παρά τισιν ἡμέρας γένηται· ὑπάρχει γὰρ τὸ τηνικαῦτα ἐκείνοις ὑπὸ γῆν· δέδεικται γὰρ ἡμῖν ὡς παρά τισιν ἡμέρας οὔσης, νὺξ παρ' ἑτέροις ἐστίν.

(54) Es verfinstert sich der Mond, der in die Diagonale zur Sonne gerät, wenn er keine Breite hat, die entweder nach Norden oder nach Süden geneigt ist, sondern selbst durch die Bahn für de Sonne läuft. Er verfällt dann nämlich dem Schatten der Erde. Wenn er erdfern ist, durchschreitet er schneller den Schatten, da er oben ganz fein ist, wie wir vorhin (s. o. 47) gesagt haben. Wenn er erdnah ist, bewirkt dies ein Verweilen und Verzögern beim Wiederaufhellen wegen der Dichte des Schattens von unten. Hieraus entnahmen die alten Gelehrten den Vorwand für ihre Vorstellung von der Entfernung der Erde vom Himmel. Sie nahmen wahr, dass die Sonne gleich beim Aufgehen die Schatten 60-mal so groß wie die vom Schatten betroffenen Objekte macht und legten daher dar, dass die Gestalt des Schattens der Erde 60-mal so groß wie ihr Durchmesser sein müsse, und auch, dass die Erde bis zur Sonnenkugel reichen würde, wenn man 60 Erden nacheinander übereinander setzen würde. (55) Und daraus schließend erfassten sie, dass die Entfernung zwischen der Erde und der Mondkugel ganz nahe an 40-mal so weit wie vom Zentrum der Erde ist.

Es verfinstert sich der Mond manchmal ganz, manchmal teilweise. Und wenn er sich ganz verfinstert, erfährt er manchmal eine Verlängerung, wenn er im dichteren Teil des Schattens ist; manchmal aber beginnt er zugleich mit dem Verborgenwerden eine Reinigung zu machen, wenn er sich von oben zum feinen Teil des Schattens verfinstert. Nicht so, wie man die Sonne an einigen Orten verfinstert sehen kann und an anderen nicht, verhält es sich auch mit dem Mond, sondern seine Verfinsterung geschieht überall auf der Erde und ist sichtbar, es sei denn, sie findet bei einigen während des Tages statt. Er existiert zu jener Zeit ja für jene unter der Erde. Es wurde nämlich von uns gezeigt, dass es, wenn es bei einigen Tag ist, bei anderen Nacht ist.

λόγος τέταρτος
περὶ ὕλης, περὶ εἴδους,
περὶ φύσεως, ἐν ᾧ περὶ τόπου καὶ χρόνου,
περὶ ψυχῆς ἐν ᾧ καὶ περὶ αἰσθήσεων, περὶ νοῦ

περὶ ὕλης

(56) ἐπὶ τὴν τῆς ὕλης ἔννοιαν ἧκον οἱ παλαιοὶ τρόπῳ τοιῷδε. ὁρῶντες γὰρ τὰ τέσσαρα στοιχεῖα τρεπόμενα εἰς ἄλληλα καὶ τὴν μὲν γῆν ὕδωρ γινομένην, τὸ δὲ ὕδωρ ἀέρα, τὸν δὲ ἀέρα πῦρ τῷ λεπτύνεσθαι καὶ ἀντιστρόφως πάλιν τῷ παχύνεσθαι, ἐνενόησαν ὡς δεῖ εἶναι ἕτερόν τι ὑποκείμενον τοῖσδε τοῖς στοιχείοις τὸ δεχόμενον παρὰ μέρος τὰ εἴδη αὐτῶν καί ποτε μὲν γινόμενον πῦρ, ποτὲ δὲ ἀήρ, ποτὲ δὲ ὕδωρ καί ποτε γῆ. πάλιν ἰδόντες ὡς ἐξ ἐλαχίστου τινὸς ὄγκου οἷον κυαθιαίου ὕδατος εἰς ἀτμὸν καὶ ἀέρα ἀναλυομένου μέγιστος ὄγκος ἀποτελεῖται, ἔφησαν ὡς καὶ ἀμεγέθης ἐστὶν ἡ ὕλη καὶ ἀσώματος· καὶ διὰ τοῦτο ταύτην ὁ Πλάτων νόθῳ ἔφασκε λογισμῷ καταλαμβάνεσθαι. (57) ὁ γὰρ νοῦς εἶδος ὢν εἴδη νοεῖ, αὕτη δὲ παντὸς εἴδους ἐστέρηται. εἴδωλον γάρ τί ἐστι καὶ φάντασμα ὄγκου καὶ ὡσανεὶ ὑποστάσεως ἔφεσις· καὶ ἑστηκὸς οὐκ ἐν στάσει καὶ ἀόρατον καθ' αὑτὸ καὶ φεῦγον τὸν βουλόμενον ἰδεῖν· καὶ ὅταν τις μὴ ἴδῃ γινόμενον, ἀτενίσαντι δὲ οὐχ' ὁρώμενον καὶ τὰ ἐναντία ἀεὶ φανταζόμενον, μικρὸν καὶ μέγα καὶ ἧττον καὶ μᾶλλον ἐλλεῖπόν τε καὶ ὑπερέχον, εἴδωλον οὐ μένον οὐδ' αὖ φεύγειν δυνάμενον. διὸ πᾶν ὃ ἂν ἐπαγγέλληται ψεύδεται. κἂν μέγα φαντασθῇ, μικρόν ἐστι· κἂν μᾶλλον, ἧττόν ἐστιν, οἷον παίγνιον φεῦ-

Buch IV
Materie, Form, Natur, darin Raum und Zeit, Seele, darin Sinne, Verstand

Materie

(56) Zum Verständnis der Materie kamen die Alten auf folgende Weise: Da sie sahen, wie die vier Elemente sich gegenseitig umwandeln – wie die Erde zu Wasser wird, das Wasser zu Luft, die Luft zu Feuer durch Verdünnung und umgekehrt wieder durch Verdichtung –, verstanden sie, dass notwendigerweise etwas anderes diesen Elementen unterliegt, das Teile ihrer Formen annimmt, manchmal Feuer wird, manchmal Luft, manchmal Wasser und manchmal Erde. Als sie dann wiederum sahen, dass eine sehr kleinen Menge Wasser, etwa die eines Tropfens, in Dampf und Luft aufgelöst wird und aus dieser winzigen Menge schließlich eine große Masse entsteht, sagten sie, dass die Materie sowohl größenlos als auch körperlos sei; aus diesem Grund sagte Platon (*Timaeus* 52b), dass sie (die Materie) nur mit einer falschen Schlussfolgerung erfasst wird. (57) Der Verstand nämlich, der eine Form ist, sieht Formen, sie aber (die Materie) hat gar keine Form. Was ist ein Bild, wenn nicht ein Scheingebilde von Masse und gleichsam eine Annäherung an eine Substanz? Es steht, ohne in Ruhe zu sein, ist an sich unsichtbar und entflieht dem, der es sehen will. Und wenn jemand etwas, das es gibt, nicht sieht, dann sieht er es nicht, stellt sich aber jeweils etwas Gegenteiliges vor, sei es klein und groß, weniger und mehr, sowohl fehlend als auch überlegen, ein Bild, das weder bleibt noch zu entfliehen vermag. Daher ist alles, was es verspricht, erlogen. Auch wenn es in der Vorstellung groß erscheint, ist es klein; auch wenn es mehr erscheint, ist es weniger, wie ein ent-

γον. ὅθεν καὶ τὰ ἐγγίνεσθαι αὐτῇ δοκοῦντα παίγνια, εἴδωλα ἐν εἰδώλοις, ἀλλ' οὐδ' αὐτὴ καθ' αὑτὴν πάσχει τι ὑπὸ τῶν εἰδῶν, ὥσπερ οὐδ' ὁ κηρὸς καὶ τὸ κάτοπτρον καὶ ὁ ἀὴρ ὑπὸ τῆς σφραγῖδος καὶ τοῦ εἰδώλου καὶ τοῦ φωτός. ἀλλὰ τοιαύτη μὲν ἡ δόξα τῶν Περιπατητικῶν· οἱ δὲ Στωϊκοὶ ἀνείδεον μὲν ταύτην δοξάζουσι καὶ ποιότητος πάσης ἄμοιρον, οὐ μὴν ἀσώματον, ἀλλά τι σῶμα ἄποιον πάσαις ὑποκείμενον ταῖς ποιότησιν. ὧν τῇ δόξῃ συνηγορεῖ καὶ ὁ Φιλόπονος Ἰωάννης πρὸς τοὺς Περιπατητικοὺς ἀντιτεινόμενος.

περὶ εἴδους

(58) τὸ δὲ εἶδος λέγεται πολλαχῶς. εἶδος γὰρ ὁ χαρακτήρ, εἶδος καὶ τὸ ταττόμενον ὑπὸ τὸ γένος, καὶ εἶδος τὸ ἐμφαντικὸν καὶ χαρακτηριστικὸν τῆς οὐσίας. ὑπόκειται μὲν οὖν ἡ ὕλη, τὸ δὲ εἶδος ἐγγίνεται ταύτῃ καὶ μεταδίδωσι μὲν τοῦτο αὐτῇ τοῦ οἰκείου κάλλους, ἐκείνη δ' ἀνάπαλιν τούτῳ τοῦ ἰδίου αἴσχους. ἔστι δὲ τὸ εἶδος καὶ ὅρος καὶ χαρακτὴρ καὶ κυρίως οὐσία καὶ ἀμέριστος καὶ τελειότης καὶ κατὰ τοῦτο οὐσιώδεσιν ἡ ὕλη χαρακτηρίζεται ἰδιότησιν. ὁ μὲν οὖν Πλάτων τοῦτο ὑποτίθησι χωριστὸν τὰς ἰδέας δογματίζων καὶ ἐπινοίας ψιλὰς διαπλαττόμενος. εἰ μὲν οὖν τις παρὰ τῷ δημιουργικῷ νῷ προϋπάρχοντα εἴδη ἐπινοήσει, οὐ πόρρω γε πεσεῖται τῆς ἀληθείας· εἰ δέ τινα τούτοις ὑπόστασιν κεχωρισμένην ὑπονοήσει, πεπλάνηται· καὶ αὐτὸς γὰρ ὁ Ἀριστοτέλης ἐν τῇ ἀποδεικτικῇ φησιν· αἱ δὲ ἰδέαι ἐρρέτωσαν· τερετίσματα γάρ εἰσι τῶν διανοήσεων.

περὶ φύσεως

(59) ἡ φύσις κατὰ Ἀριστοτέλην ἀρχὴ καὶ αἰτία πέφυκε τοῦ κινεῖσθαι καὶ ἠρεμεῖν ἐν ᾧ ὑπάρχει πρώτως καθ' αὑτὸ καὶ μὴ κατὰ συμβεβηκός. τινὲς δὲ προστεθήκασι τῷ ὁρισμῷ τούτῳ ζωή τις οὖσα ἤτοι δύναμις καταδεδυκυῖα διὰ τῶν σωμά-

fliehendes Spielgerät. Deshalb sind diejenigen, die denken, sie könnten sich dem Spielgerät nähern, selbst in Bildern gefangen, aber es erleidet selbst nichts durch die Formen, genauso wenig wie Wachs, Spiegel und Luft durch das Siegel, das Bild oder das Licht. Aber so denken die Peripatetiker. Die Stoiker (*SVF* I 493 ff.) wiederum betrachten dies zwar als formlos und frei von jeglicher Qualität, aber nicht als körperlos, sondern als eine Art Körper, der allen Qualitäten zugrunde liegt. Dieser Ansicht schließt sich auch Johannes Philoponos (*De aeternitate mundi* p. 409 ff.) an und widerspricht den Peripatetikern.

Form

(58) Die Form wird auf viele Arten benannt. Die Form ist nämlich die Prägung, die Form ist auch das von der Art Vorgegebene und die Form ist das Eigentliche und Prägende des Wesens. Zugrunde liegt also die Materie, die Form geschieht mit ihr und gibt ihr von ihrer eigenen Schönheit, jene wiederum ihm von ihrer eigenen Hässlichkeit. Es ist die Form auch die Grenze, der Prägestempel und überhaupt das Wesen, ungeteilt und Vollkommenheit, und demnach prägt in der Wesenheit die Materie die Eigenart. Platon (*Parmenides* 129d ff.) setzt dies voraus, indem er die Ideen getrennt voneinander darstellt und abstrakte Vorstellungen gestaltet. Wenn also jemand Formen annimmt, die vor dem schöpferischen Verstand existieren, wird er nicht weit von der Wahrheit entfernt sein. Wenn er jedoch annimmt, dass diese Formen eine getrennte Substanz haben, irrt er sich. Aristoteles (*Analytica posteriora* I 22 p. 83a) selbst sagt ja in seiner Darlegung. Den Ideen sage man Lebewohl, denn sie sind nur Trällereien der Gedanken!

Natur

(59) Die Natur ist nach Aristoteles (*Physica* II 1,2 u. a.) der Ursprung und die Ursache der Bewegung und Ruhe in dem, was zuerst an sich und nicht zufällig existiert. Einige haben diesem Begriff das Leben als eine in den Körpern verborgene formende

των διαπλαστικὴ αὐτῶν καὶ διοικητική. τὸ μὲν οὖν πρώτως προσέθηκεν Ἀριστοτέλης τῷ ὁρισμῷ ὅτι κινεῖ καὶ ἡ λογικὴ ψυχή, ἀλλ' οὐ πρώτως, ἀλλὰ διὰ τῆς ἀλόγου. ἀλλ' οὐδὲ ἡ ἄλογος πρώτως, ἀλλὰ τῷ τὴν φύσιν κινεῖν· αὕτη οὖν πρώτως κινοῦσα· ἡ γὰρ ὄρεξις κινεῖ τὰς φυσικὰς δυνάμεις. τὸ δὲ καθ' αὑτὸ καὶ μὴ κατὰ συμβεβηκὸς εἶπε, διὰ τὸ μήτε τὸ πρώτως πάντως καθ' αὑτὸ μήτε τὸ καθ' αὑτὸ πάντως πρώτως.

(60) ἡ γὰρ βαρύτης οὐ τῇ γῇ ἁπλῶς μόνῃ, ἀλλὰ καὶ τῇ τοιῶσδε ἐσχηματισμένῃ πρώτως ὑπάρχει, ἐπεὶ μὴ διὰ μέσου τινός – οὐ γὰρ κεχώρισται –, ἀλλ' ἓν ἄμφω τῷ ὑποκειμένῳ. ἀλλὰ τῇ μὲν γῇ ἐστι καθ' αὑτό, τῇ δὲ ἐσχηματισμένῃ κατὰ συμβεβηκός. πάλιν ἡ βαρύτης ἐστὶ καὶ τῇ γῇ καὶ τῇ σαρκί, ἀλλὰ πρώτως μὲν τῇ γῇ, δευτέρως δὲ τῇ σαρκὶ διὰ τὴν τῆς γῆς ἐπικράτειαν. ἡ δὲ φύσις, καίτοι γε παράδοξα καὶ ἕνεκά του ποιοῦσα, ἄνους ἐστὶ καὶ διανοίας ἐκτός, τῇ θείᾳ ἑπομένη βουλήσει καὶ μὴ εἰδυῖα ἅπερ ἐργάζεται. ὥσπερ ὁ ἀράχνης τοὺς κύκλους ποιεῖ διαλογισμοῦ χωρὶς καὶ ἡ μέλισσα τὰ ἑξάγωνα σχήματα καὶ καθάπερ οἱ παῖδες πολλάκις ἀποστηθίζουσι συγγράμματά τινα καὶ λέγουσι ταῦτα, οὐκ οἴδασι δὲ τὴν τούτων ἔννοιαν ἢ τὴν τῶν λέξεων σημασίαν, οὕτω καὶ ἡ φύσις λαβοῦσα τοὺς δημιουργικοὺς λόγους παρὰ Θεοῦ οὐκ οἶδε τί ποιεῖ.

(61) ὡρίσαντο δέ τινες ταύτην ὡς πέρας τῶν ἀσωμάτων δυνάμεων· οὐδὲν γάρ τι ταύτης ἧττον τῶν ἀσωμάτων τῆς τε ψυχῆς ὑπερκειμένης αὐτῆς καὶ τοῦ νοῦ καὶ τοῦ θείου διακόσμου. οὐκ ἀεὶ δὲ τοῦ τέλους ἐπιτυγχάνει, ἀλλ' ἐνίοτε διαμαρτάνει αὐτοῦ, ποτὲ μὲν ὑπερβολὰς ἀχρήστους ποιοῦσα, ὡς ἑξαδάκτυλά τινα καὶ δικέφαλα καὶ τὰ ὅμοια, ποτὲ δὲ ἐλλείπουσα κατὰ διάπλασιν, ὡς ὅταν τετραδάκτυλον ποιῇ ἢ ἄπουν ἢ ἄχειρα. καὶ δῆλον ἐκ τῶν τοιούτων ὡς ἐλλιπής ἐστι τὴν δύναμιν ἡ φύσις καὶ οὐκ αὐτή ἐστιν ἡ πρώτη δημιουργός, ὥς τινες ὑπέλαβον, ἀλλὰ χείρων καὶ αὐτῆς τῆς ψυχῆς, χωρισθῆναι μὲν αὐτῆς δυναμένης τοῦ σώματος, τῆς

und verwaltende Kraft hinzugefügt. Aristoteles fügte zuerst zu der Definition hinzu, dass auch die vernünftige Seele bewegt, aber nicht zuerst, sondern durch das Vernunftlose. Aber auch das Vernunftlose bewegt nicht zuerst, sondern durch das, was die Natur bewegt; diese also bewegt zuerst, denn das Verlangen bewegt die natürlichen Kräfte. Er sagte »was zuerst an sich und nicht zufällig existiert«, weil weder das, was zuerst ist, durchweg an sich ist, noch das, was an sich ist, durchweg zuerst ist.

(60) Die Schwere existiert nämlich nicht nur einfach in der Erde, sondern primär in dieser geformten Weise, da sie nicht durch ein Mittel getrennt ist, sondern beides dem Unterliegenden eins ist. Aber in der Erde existiert sie an sich, in der geformten Weise zufällig. Wiederum ist die Schwere sowohl in der Erde als auch im Fleisch, aber primär in der Erde, sekundär im Fleisch aufgrund der Vorherrschaft der Erde. Die Natur jedoch, obwohl sie paradoxerweise und aus einem bestimmten Grund handelt, ist ohne Verstand und außerhalb der Vernunft, folgt dem göttlichen Willen und weiß nicht, was sie tut. Wie die Spinne Kreise ohne Überlegung webt und die Biene sechseckige Formen schafft, und wie Kinder oft Texte auswendig lernen und diese rezitieren, ohne den Sinn oder die Bedeutung der Worte zu kennen, so nimmt auch die Natur die schöpferischen Worte von Gott entgegen und weiß nicht, was sie tut.

(61) Einige haben sie (die Natur) als das Ende der unkörperlichen Kräfte definiert, da sie nicht weniger ist als die unkörperlichen Seelen, die über ihr stehen, der Verstand und die göttliche Weltordnung. Sie erreicht jedoch nicht immer ihr Ziel, sondern irrt manchmal ab, indem sie entweder nutzlose Übertreibungen erzeugt, etwa sechsfingrige und doppelköpfige Wesen, oder manchmal in ihrer Gestaltung unvollständig ist, etwa wenn sie ein vierfingriges oder fußloses oder handloses Wesen schafft. Es ist offensichtlich, dass die Natur in ihrer Kraft unvollständig ist und nicht der erste Schöpfer ist, wie einige angenommen haben, sondern schlechter als die Seele selbst, die sich vom Körper trennen

δὲ φύσεως ἀεὶ τοῖς σώμασι συμπλεκομένης καὶ ἀχωρίστου τούτων οὔσης.

περὶ τόπου

(62) ὁ δὲ τόπος πέρας ἐστὶ τοῦ περιέχοντος καθὸ περιέχει τὸ περιεχόμενον. οἷόν εἰμι ἐγὼ ἐν τῷ ἀέρι· τὸ οὖν πέρας τοῦ ἀέρος τὸ προσεχές μοι καὶ περιέχον με, τοῦτό ἐστι τόπος. καὶ τὸ μεταξὺ τοῦ ὕδατος καὶ τῆς κοίλης ἐπιφανείας τοῦ ἀγγείου ἐστὶ τόπος, οὐκ αὐτὸ τὸ ἀγγεῖον. ἐπὶ γὰρ τοῦ τόπου ταῦτα ἀναγκαῖον συνδραμεῖν, τό τε περιέχειν ἐκεῖνο οὗ ἐστι τόπος καὶ τὸ μηδὲν τοῦ πράγματος εἶναι καὶ τὸ μὴ ἀπολείπεσθαι αὐτοῦ καὶ τὸ μήτε μείζονα εἶναι μήτε ἐλάττονα τοῦ πράγματος τοῦ περιεχομένου καὶ τὸ χωριστὸν αὐτὸν εἶναι. καὶ τοὺς μὲν λοιποὺς τῶν σωμάτων τόπους μερικοὺς λέγουσι, τὸν δὲ τῆς κοίλης τοῦ οὐρανοῦ ἐπιφανείας καθόλου. (63) καὶ πάντα μὲν τὰ σώματα ἐν τόπῳ ἐστὶ πλὴν τῆς ἀνάστρου σφαίρας τῆς ἀνωτάτω· ἐκείνη γὰρ διὰ τὸ μὴ ἔχειν ἔξωθεν αὐτῆς τὸ περιέχον αὐτὴν οὐκ ἐν τόπῳ ἐστί. λέγεται δὲ εἶναι τὰ μέρη αὐτῆς ἐν τόπῳ διὰ τὸ ὑπ' ἀλλήλων περιέχεσθαι, ἡ δὲ ὁλότης οὔ.

ὁ δὲ Ἀλεξανδρεὺς Στέφανος ἐξηγούμενος τὴν περὶ οὐρανοῦ πραγματείαν περὶ τούτου ἐπαπορεῖ λέγων· εἰ ὑποθώμεθά τινα ἀνελθόντα ἄχρι τοῦ ἀκροτάτου μέρους τοῦ οὐρανοῦ καὶ τὴν χεῖρα ἐπιχειροῦντα ἐκβαλεῖν ἐπὶ τὰ ἔξω τοῦ οὐρανοῦ, ἆρά γε ὠθοῦσα ἡ χεὶρ ἐξελεύσεται ἄνωθεν ἢ κωλυθήσεται ἐξελθεῖν; εἰ μὲν οὖν εἴπωμεν ὅτι ἐξελεύσεται, ἔσται ἐκεῖ τόπος δεκτικὸς σώματος καί τι κενόν· εἰ δὲ μὴ ἐξελεύσεται, ἔσται ἐκεῖ τι σῶμα ἀντιτυποῦν καὶ κωλῦον τὴν τῆς χειρὸς ἔξοδον. (64) κἀκεῖνος μὲν ἐπαπορήσας οὐδὲν ἐπελύσατο· ἡμεῖς δὲ λέγομεν ὡς οὐ σῶμα ἀντίτυπον κωλύει τὴν χεῖρα ἐκεῖσε διεξιέναι, ἀλλ' αὐτὸ τὸ εἶναι τὰ ἐκεῖσε σώματος ἄδεκτα μὴ ἔχοντα φύσιν ἐπιδεκτικὴν σώματος. ὥσπερ

kann, während die Natur immer mit den Körpern verflochten ist und unzertrennlich von ihnen bleibt.

Raum

(62) Der Raum ist die Grenze des Enthaltenden, insofern er das Enthaltene enthält. Zum Beispiel befinde ich mich in der Luft; die unmittelbare Grenze der Luft um mich herum, die mich enthält, das ist der Raum. Und der (Raum) zwischen dem Wasser und der Innenfläche des Gefäßes ist der Raum, nicht das Gefäß selbst. Für den Raum ist es ja notwendig, das Folgende zu vereinen: dass es das enthält, worin sich der Raum befindet, dass es nichts von der Sache selbst ist, dass es nicht davon abweicht, dass es weder größer noch kleiner ist als die enthaltene Sache und dass es von dieser getrennt ist. Die übrigen Räume der Körper werden als Teilräume bezeichnet, aber der hohlen Fläche des Himmels als Gesamtort. (63) Und alle Körper befinden sich in einem Raum, außer der höchsten Himmelssphäre; da sie nichts außerhalb von sich hat, das sie enthält, ist sie ja nicht in einem Raum. Es wird jedoch gesagt, dass ihre Teile in einem Raum sind, da sie sich gegenseitig enthalten, aber die Gesamtheit nicht.

Der Alexandriner Stephanos, der die Abhandlung über den Himmel vorgelegt hat (p. 253 U.), stellt folgende Frage: Wenn wir uns jemanden vorstellen, der zum äußersten Teil des Himmels aufsteigt und versucht, seine Hand über den Himmel hinaus zu strecken, wird die Hand nach oben gedrückt und herauskommen oder am Herauskommen gehindert werden? Wenn wir sagen, dass sie herauskommen wird, dann gibt es dort einen Raum, der Körper aufnehmen kann, und etwas Leeres; wenn sie jedoch nicht herauskommt, gibt es dort etwas Körperliches, das den Austritt der Hand zurückstößt und hindert. (64) Jener (Stephanos) also stellte die Frage und konnte nichts lösen; wir aber sagen, dass nicht ein zurückstoßender Körper die Hand daran hindert, dort hindurchzugehen, sondern dass es das Wesen der dortigen Dinge ist, keinen Körper aufzunehmen, da sie keine empfängli-

γὰρ τὴν ὅρασιν λέγομεν μὴ ἀκούειν καὶ τὴν ἀκοὴν μὴ ὁρᾶν, οὐ διὰ τὸ ἐμποδίζεσθαι ἑκάστην παρά τινος εἰς τὸ ἐνεργεῖν τὴν ἀλλοτρίαν ἐνέργειαν, ἀλλὰ διὰ τὸ μὴ ὅλως πεφυκέναι κατ' ἐκείνην ἐνεργεῖν, οὕτω καὶ ἐπὶ τοῦ ἔξω τοῦ οὐρανοῦ λέγομεν μὴ φύσει ἔχειν τὸ δέξασθαι σῶμα καὶ διὰ τοῦτο μὴ δύνασθαι σῶμα ἐκεῖσε ἐξελθεῖν. ἡ μὲν οὖν φαντασία ἐθίσασα φαντάζεσθαι πᾶν σῶμα περατοῦσθαι ἐφ' ἕτερον κἀκεῖνο ἐπ' ἄλλο, πείθει τοὺς ἁπλουστέρους τὰ αὐτὰ δοξάζειν καὶ ἐπὶ τῶν οὐρανίων, ἔνθα ὁ νοητὸς διάκοσμος ὁ πάσης ἀπηλλαγμένος σωματικῆς παχυμερείας. ὁ δὲ νοῦς οὐχ ἕπεται ταύτῃ, ἀλλὰ τῇ τῶν πραγμάτων φύσει ἐπακολουθεῖ.

περὶ χρόνου

(65) ἐπεὶ δὲ καὶ ὁ χρόνος τῶν ἐξ ἀνάγκης ἐστὶν ἑπομένων τοῖς φυσικοῖς πράγμασι, ῥητέον τι καὶ περὶ αὐτοῦ. ὁρίζονται τοίνυν αὐτὸν μέτρον κινήσεως· ἐπεὶ δὲ τὸ μέτρον διχῶς, τὸ μὲν ὡς τὸ μετροῦν, τὸ δὲ ὡς τὸ μετρούμενον, ὡς τὸ μετρούμενον ὁ χρόνος ἐστί. μετρεῖται γὰρ ὑπὸ τῆς κινήσεως, ὡς καὶ ἡ θεολόγος γλῶττα τούτῳ συντίθεται· αἰὼν γάρ, φησίν, οὔτε χρόνος οὔτε χρόνου τι μέρος, οὐδὲ γὰρ μετρητόν, εἰ καί τινες ἐπηπόρησαν πῶς μετρητὸν τὸν χρόνον λέγομεν, μετροῦντα καὶ αὐτὸν τὴν κίνησιν. ὅπερ ἐπιλυόμενος ὁ Φιλόπονός φησι ὡς πρώτως μὲν μετρεῖται ὁ χρόνος ὑπὸ τῆς κινήσεως, μετρούμενος δὲ καὶ αὐτὸς ταύτην μετρεῖ. ὥσπερ εἰ δύο ξύλων παρακειμένων ἀλλήλοις ἴσων, τοῦ ἑνὸς μετρηθέντος λέγοι ἄν τις καὶ τὸ μετρηθὲν ὅτι ἐμέτρησε τὸ μετρῆσαν.

(66) τινὲς μὲν οὖν σοφώτατον τρόπον τινὰ τὸν χρόνον ὠνόμασαν, ὡς ἐν αὐτῷ πάσης τέχνης καὶ ἐπιστήμης ἐφευρημένης· οἱ δὲ ἀμαθέστατον ὡς ἐν αὐτῷ τῆς λήθης καὶ τῆς

che Natur für einen Körper haben. So wie wir sagen, dass das Sehen nicht hört und das Hören nicht sieht, nicht weil jedes von ihnen durch etwas an der Wirkung der fremden Wirksamkeit gehindert wird, sondern weil sie überhaupt nicht dazu bestimmt ist, in jener Weise zu wirken, so sagen wir auch, dass es der Natur des Himmels draußen nicht entspricht, einen Körper aufzunehmen, und deshalb kann ein Körper dort nicht hinausgehen. Die Vorstellungskraft, die es gewohnt ist, sich vorzustellen, dass jeder Körper durch etwas anderes und jenes wieder durch ein anderes begrenzt ist, überzeugt die Einfacheren, dasselbe auch von den himmlischen Dingen zu glauben, wo der geistige Kosmos frei von jeder körperlichen Dichte ist. Der Verstand folgt dieser Vorstellung jedoch nicht, sondern folgt der Natur der Dinge.

Zeit

(65) Da die Zeit notwendigerweise den natürlichen Dingen folgt, muss etwas über sie gesprochen werden. Sie wird also als Maß der Bewegung definiert, und da das Maß zweifach ist, einerseits als das Messende und andererseits als das Gemessene, ist die Zeit das Gemessene. Sie wird durch die Bewegung gemessen, womit auch die Theologenzunge (Gregor von Nazianz, *Oratio* 38,7: PG 36, 320) übereinstimmt: »Die Ewigkeit«, sagt sie, »ist weder Zeit noch ein Teil der Zeit, denn sie ist nicht messbar«, obwohl einige darüber nachgedacht haben, wie wir die Zeit als messbar bezeichnen, da sie selbst die Bewegung misst. (Johannes) Philoponos (*in Physica IV 11* p. 724; *de aeternitate mundi* pp. 114 ff), der dies auflöst, sagt, dass die Zeit zunächst durch die Bewegung gemessen wird, aber als Gemessenes misst sie auch selbst diese Bewegung. So wie wenn von zwei nebeneinander liegenden gleichen Hölzern eines gemessen wird, könnte man sagen, dass auch das Gemessene das Messende misst.

(66) Manche haben die Zeit auf eine sehr weise Art benannt, da in ihr alle Kunst und Wissenschaft erfunden wurde, andere auf die dümmste, da in ihr das Vergessen und der Verfall stattfinden.

φθορᾶς γινομένης. ὃ δὴ καὶ ἀληθέστερον Ἀριστοτέλης εἶναί φησι· ἐν γὰρ χρόνῳ γίνεται τὰ εἰρημένα δι' ἐνεργείας τινὸς καὶ διά τινων μέσων· ἡ δὲ φθορὰ καὶ ἡ λήθη γίνονται ἐν αὐτῷ ἀμέσως· πρὸς γὰρ τὴν λήθην ὧν μανθάνομεν οὐ δεόμεθα διδασκαλίας ὥσπερ ἐν τῇ μαθήσει. δύο γοῦν μέτρα παρήγαγεν ὁ Θεὸς τὸν αἰῶνα καὶ τὸν χρόνον, τὸν μὲν τῶν νοητῶς ὄντων, τὸν δὲ τῶν ἐγκοσμίων. ὥσπερ οὖν ὁ κόσμος οὗτος εἰκὼν τοῦ ἐκεῖσε κόσμου ἐστίν, οὕτω καὶ τὸ ἐν αὐτῷ μέτρον ἤτοι ὁ χρόνος εἰκὼν τοῦ νοητοῦ μέτρου ἤγουν τοῦ αἰῶνος. (67) ἀλλ' οὗτος μὲν μέτρον ὡς τὸ ἕν, ὁ δὲ χρόνος ὡς ἀριθμός. πάλιν δὲ ἡ φαντασία ὑποτρέχουσα ποιεῖ ἡμᾶς φαντάζεσθαι καὶ ἐπὶ τοῦ αἰῶνος τὸ ἦν καὶ τὸ ἔσται, ἔνθα μήτε παρατρέχει τι μήτε μέλλει, ἀλλ' ἐν τῷ νῦν πέφυκε. τὴν οὖν τοῦ ἡλίου κίνησιν ὡς ἐμφανεστάτην εἰς τὸ τοῦ χρόνου μέτρον παρέλαβον· διὰ γὰρ τῆς τούτου ἀποκαταστάσεως ὁ ἐνιαυτὸς ὁρίζεται καὶ διὰ τῶν τούτου τροπῶν αἱ τέσσαρες τοῦ ἐνιαυτοῦ ὧραι τελοῦνται καὶ τὰ νυχθήμερα καταμετροῦνται. μέτρον γάρ ἐστιν ἐναργὲς ὡς ἀκριβεστέραν ἔχων τῶν πέντε πλανήτων τὴν περίοδον, καὶ τῶν προποδισμῶν καὶ ὑποποδισμῶν καθαρεύων καὶ αὐτῆς τῆς σελήνης, ἐπεὶ μὴ εἰς τὸ βόρειον ῥέπει καὶ τὸ νότιον.

περὶ ψυχῆς

(68) εἰ καὶ ἡ πρώτη ὕλη ὑπόκειται πᾶσι τοῖς εἴδεσιν, ἀλλ' οὖν καὶ εἴδη τινὰ ὑπόκεινται εἴδεσι καὶ ὡς ὕλη τούτοις χρηματίζουσιν. ἰδοὺ γὰρ τὰ τέσσαρα στοιχεῖα εἴδη ὄντα ὑπόκεινται τοῖς φυτοῖς ὡς ὕλη καὶ αἱ ἐν τοῖς φυτοῖς δυνάμεις ὕλης τάξιν ἐπέχουσι πρὸς τὰς ἀλόγους τῆς ψυχῆς καὶ αὗται ὑπόκεινται ταῖς λογικαῖς. ἀλλὰ καὶ τούτων ὑπεραναβέβηκεν ὁ νοῦς· μέχρι γὰρ τούτου προελθοῦσα ἡ φύσις ἐπαύσατο διὰ τὸ μὴ εὑρεῖν ἕτερόν τι τιμιώτερον ᾧ τοῦτον ὑποτάξει. καὶ διὰ τοῦτο ἐντελέχειαν αὐτὴν Ἀριστοτέλης ὡρίσατο σώματος φυσικοῦ ὀργανικοῦ δυνάμει ζωὴν ἔχοντος, ἐντελέχειαν

Aristoteles (*Physica* IV 13,8) sagt, dass letzteres wahrer sei: In der Zeit geschehen ja die genannten Dinge durch eine Art Aktivität und durch einige Mittel; aber der Verfall und das Vergessen geschehen in ihr unmittelbar, denn für das Vergessen dessen, was wir lernen, benötigen wir keine Lehre, so wie beim Lernen. Gott hat jedenfalls zwei Maße hervorgebracht, die Ewigkeit und die Zeit, die eine für die geistigen Dinge, die andere für die weltlichen. So wie also diese Welt das Abbild der jenseitigen Welt ist, so ist auch das Maß in ihr, nämlich die Zeit, das Abbild des geistigen Maßes, also der Ewigkeit. (67) Aber jene ist ein Maß als das Eine, die Zeit jedoch als Zahl. Wiederum lässt die Vorstellungskraft uns auch in Bezug auf die Ewigkeit das Gewesene und das Kommende vorstellen, wo weder etwas vergeht noch bevorsteht, sondern in der Gegenwart besteht. So haben sie die Bewegung der Sonne als das offensichtlichste Maß der Zeit aufgenommen, denn durch deren Wiederbeginn wird das Jahr bestimmt und durch dessen Wendungen werden die vier Jahreszeiten des Jahres vollendet und die Tage und Nächte gemessen. Dies ist nämlich ein offensichtliches Maß, da sie eine genauere Periode hat als die fünf Planeten, und sie ist klarer als die Beschleunigungen oder Verlangsamungen (der Planeten) und sogar als der Mond, da sie weder zum Norden noch zum Süden neigt.

Seele

(68) Auch wenn die erste Materie allen Formen zugrunde liegt, so gibt es doch auch Formen, die anderen Formen zugrunde liegen und als Materie für diese dienen. So unterliegen die vier Elemente, die selbst Formen sind, den Pflanzen als Materie, und die Kräfte in den Pflanzen nehmen eine Ordnung der Materie gegenüber den vernunftlosen Seelenkräften ein, und diese wiederum unterliegen den vernünftigen. Aber darüber hinaus geht der Verstand, denn die Natur, die bis dahin fortgeschritten war, hörte auf, weil sie nichts Wertvolleres fand, dem sie dies unterordnen konnte. Und deshalb definierte Aristoteles *de anima* II 1, 5.9) sie als die Entelechie eines natürlichen organischen Körpers,

λαμβάνων τὴν ὡς εἶδος καὶ τελειότητα. καὶ εἰ ἦν, φησίν, ὁ ὀφθαλμὸς ζῷον, ἦν ἂν τούτου ψυχὴ ἡ ὄψις. (69) πολὺ δὲ τὸ πλάτος ἐστὶ τῶν ψυχῶν τῶν μὲν πάντῃ ἀλόγων οὐσῶν, τῶν δὲ οἷον ἴχνη τινὰ καὶ ἰνδάλματα λόγου ἐχουσῶν, ὡς τὰ τῶν ζῴων εὐφυέστερα, τῶν δὲ λογικῶν. ὅτι δὲ ἀθάνατός ἐστιν ἡ λογικὴ ψυχὴ δῆλον ἐκ πολλῶν· ὁρῶμεν γὰρ αὐτὴν καὶ ἐν σώματι οὖσαν χωριζομένην τῇ ἐνεργείᾳ τῶν σωματικῶν αἰσθήσεων· ὅτε γὰρ σχολάζει πρός τινι θεωρήματι ὁ ἡμέτερος λογισμός, οὐδὲ τὰ πρὸ ὀφθαλμῶν ὁρῶμεν οὐδ' ἀκούομεν τῶν ὁμιλούντων. καὶ εἰ ἐν σώματι οὖσα οὐ δεῖται πολλάκις τῶν αἰσθήσεων, πόσῳ γε μᾶλλον μετὰ τὴν ἐκ τοῦ σώματος ἀπαλλαγήν. εἶτα ὁμολογουμένως ἡ ψυχὴ τιμιωτέρα τοῦ σώματός ἐστιν· αὕτη γὰρ συνέχει τοῦτο καὶ κοσμεῖ καὶ ζῳογονεῖ. καὶ εἰ τὸ χεῖρον ἤτοι τὸ σῶμα μετὰ θάνατον ἐπιμένει χρόνον τινὰ καὶ φθειρόμενον οὐ πρὸς τὸ μὴ ὂν χωρεῖ, ἀλλ' εἰς τὰ τέσσαρα στοιχεῖα ἀναλύεται, πόσῳ γε μᾶλλον ἐπιμενεῖ ἡ ψυχή.

(70) καὶ πάλιν εἴ τι φθείρεται, ὑπὸ τῆς ἰδίας κακίας φθείρεται, οἷον τὸ σῶμα ὑπὸ νόσου, ὁ χαλκὸς ὑπὸ τοῦ ἰοῦ, τὰ φυτὰ ὑπὸ τῆς σηπεδόνος. ἡ γοῦν ψυχὴ ὑπὸ τῆς ἰδίας κακίας οὐ φθείρεται· κακία δὲ αὐτῆς τὰ ἁμαρτήματα· ἀθάνατος ἄρα. θαυμαστὸν οὖν τὸ τῆς ψυχῆς χρῆμα· μεριστὴ γὰρ φαίνεται ὡς ἐν πᾶσι τοῖς μέρεσιν οὖσα τοῦ σώματος, ἀμέριστος δὲ ὅτι ὅλη ἐν πᾶσι καὶ ἐν ἑκάστῳ μορίῳ ὅλη· μέγεθος οὐκ ἔχουσα παντὶ μεγέθει σύνεστι· καὶ ὡδὶ οὖσα, ὡδὶ πάλιν ἐστίν, οὐκ ἐν ἄλλῳ ἀλλ' ἐν τῷ αὐτῷ. ὥστε δοκεῖν καὶ μεμερίσθαι καὶ μὴ μεμερίσθαι, μᾶλλον δὲ μὴ μεμερίσθαι· μένει γὰρ μεθ' ἑαυτῆς ὅλη, τῶν σωμάτων τῷ οἰκείῳ μερισμῷ οὐ δυναμένων ἀμερίστως αὐτὴν δέξασθαι. ἥσυχος δέ ἐστι τὴν φύσιν καὶ γαλήνιος· τὸ δὲ σῶμα ὑπὸ τῆς οἰκείας ἀσθενείας θορυβούμενον ὄχλον αὐτῇ παρέχει· καθάπερ ἐν ἐκκλησίᾳ δημογερόντων καθημένων ἐφ' ἡσύχῳ ἐννοίᾳ, δῆμος ἄτακτος τὴν πᾶσαν ἐκκλησίαν εἰς θόρυβον ἄσχημον ἐμβάλλει.

der potenziell Leben besitzt, wobei er Entelechie als Form und Vollkommenheit verstand. Und wenn, sagt er, das Auge ein Lebewesen wäre, so wäre sein Seelenvermögen das Sehen. (69) Es gibt eine große Bandbreite an Seelen, von denen, die völlig vernunftlos sind, über solche, die Spuren oder Abbilder von Vernunft haben, wie die der klügeren Tiere, bis hin zu den vernünftigen. Dass die vernünftige Seele unsterblich ist, wird aus vielen Dingen deutlich: Wir sehen sie sogar im Körper von dem Wirken der körperlichen Sinne getrennt; wenn unser Denken sich mit einem theoretischen Problem beschäftigt, sehen wir ja nicht, was vor unseren Augen ist, und hören nicht, was die Umstehenden sagen. Und wenn sie im Körper ist und oft nicht die Sinne benötigt, um wie viel mehr dann, nachdem sie vom Körper befreit wurde! Dann ist offensichtlich die Seele wertvoller als der Körper; sie hält ihn ja zusammen, verschönert und belebt ihn. Und wenn der schlechtere Teil, nämlich der Körper, nach dem Tod für eine gewisse Zeit bestehen bleibt und verfallend nicht in das Nichtsein übergeht, sondern in die vier Elemente aufgelöst wird, um wie viel mehr wird die Seele bestehen bleiben.

(70) Wenn etwas verfällt, geschieht dies durch seine eigene Schlechtigkeit, etwa ein Körper durch Krankheit, Kupfer durch Rost, Pflanzen durch Fäulnis. Die Seele aber verfällt nicht durch ihre eigene Schlechtigkeit; ihre Schlechtigkeit sind die Sünden; also ist sie unsterblich. Wunderbar also ist die Beschaffenheit der Seele: Sie scheint teilbar zu sein, als wäre sie in allen Teilen des Körpers, aber sie ist unteilbar, denn sie ist ganz in allen und in jedem Teil ganz; sie hat keine Größe und ist doch mit jeder Größe verbunden; und wie sie ist, so bleibt sie, nicht in einem anderen, sondern im selben. So scheint sie sowohl geteilt als auch ungeteilt, eher aber ungeteilt zu sein. Sie bleibt ja ganz bei sich selbst, unfähig, von den Körpern ungeteilt aufgenommen zu werden. Sie ist ihrer Natur nach ruhig und friedlich; der Körper aber, durch seine eigene Schwäche beunruhigt, verursacht ihr Beschwernis; wie in einer Versammlung, wo die Volksältesten in stiller Überlegung sitzen, bringt ein ungeordnetes Volk die ganze Versammlung in gestaltlosen Lärm.

(71) περὶ τοῦ πῶς ὁρῶμεν πολλὰς ἔσχον οἱ παλαιοὶ ἀμφιβολίας καὶ ἄμφω τὰ μέρη τοσοῦτον ἕκαστον τὴν ἰδίαν δόξαν ἐκράτυνεν ὡς καὶ τὸν πρῶτον φιλόσοφον ἐπαπορῆσαι τίνι τούτων τὴν νικῶσαν ἐπιψηφίσοιτο. οἱ μὲν οὖν Ἀριστοτελικοὶ ἐδόξασαν ὡς τὰ τῶν ὁρωμένων ἰνδάλματα διαπορθμεύει ὁ ἀὴρ ἐπὶ τὸ κρυσταλλοειδὲς τὸ ἐν τῷ ὀφθαλμῷ καὶ τοῦτο διαφανὲς ὂν δέχεται τὸν τύπον τῶν ὁρατῶν. οἱ δὲ γεωμέτραι καὶ πολλοὶ τῶν φιλοσόφων ἀπεφήναντο ὡς ἀκτῖνές τινες ἐξέρχονται ἐκ τῶν ὀφθαλμῶν καὶ καταλαμβάνουσι τὸ ὁρατόν, παρεικάσαντες ταύτας ταῖς τοῦ ἡλίου ἀκτῖσιν. ὥσπερ γὰρ αὗται ἅμα τῷ τὸν ἥλιον ἀνατεῖλαι ἀχρόνως ἐπιλάμπουσι τοῖς τῇδε, πολλοῦ τοῦ διαστήματος μεταξὺ τῆς γῆς καὶ τοῦ ἡλίου ὄντος, οὕτω καὶ ἡ ἡμετέρα ὄψις ἅμα τῷ ἀναβλέψαι καταλαμβάνει ἀχρόνως τὸν οὐρανόν.

(72) καὶ ἔνθα ἂν διαπερῶσιν αἱ ἡλιακαὶ ἀκτῖνες, ἐκεῖσε καὶ ἡ ὄψις, ὡς ἐπὶ τῶν διαφανῶν σωμάτων, καὶ ἔνθα κωλύονται αὗται διελθεῖν, καὶ ἡ ὅρασις οὐ διαβαίνει, καὶ ἔνθα ἀνακλᾶται ἡ ἡλιακὴ ἀκτίς, ἐκεῖθεν ἀντανάκλασιν ποιεῖται καὶ ἡ ὄψις ὡς ἐπὶ τῶν λείων σωμάτων. καὶ γὰρ ὅτε ἐπιλάμπει ὁ ἥλιος ὕδατι καθαρῷ, ὁρῶμεν τὰς ἀκτῖνας ἀπὸ τούτου ἀνακλωμένας καὶ ἡμῶν ὁρώντων τὸ ὕδωρ ἀνακλᾶται ἡ ἡμετέρα ὄψις, ὥστε φαίνεσθαι ἡμῖν τὰ ἄνωθεν τοῦ ὕδατος καὶ τὰ πέριξ ἐν τῷ ὕδατι ὄντα. (73) ὡσαύτως καὶ ἐπὶ τῶν κατόπτρων ἀνακλᾶται προδήλως ἡ ἡλιακὴ ἀκτίς, καὶ τοσοῦτον ὡς ἀπὸ τῶν κοίλων κατόπτρων καὶ καίειν· ἀνακλᾶται δὲ ἡ ὄψις ἐπεὶ ἀντανακλωμένης αὐτῆς πρὸς τὸ ἡμέτερον πρόσωπον, ὁρῶμεν τούτου τὸ ὁμοίωμα καὶ δοκοῦμεν ἐν τῷ κατόπτρῳ ὁρᾶν.

καὶ μέχρι τούτου ἰσόρροπα καὶ ἰσοτάλαντα τὰ ἀμφισβητούμενα ἦν. ἐφευρὼν δέ τις τῶν γεωμετρῶν τὴν ἐν τῷ ὕδατι τῆς ὄψεως ἀνάκλασιν, καὶ τοῦτο πιστωσάμενος δι' αὐτῆς τῆς αἰσθήσεως, δυναμικωτέρας τῶν γεωμετρῶν τὰς δείξεις ἀπέδειξεν· εἰ γάρ τις ἔν τινι κοίλῳ ἀγγείῳ θήσει δακτύλιον ἢ νόμι-

(71) Über die Frage, wie wir sehen, hatten die Alten viele Dispute; beide Seiten stärkten ihre eigene Meinung so sehr, dass selbst der erste Philosoph die Frage stellte, welcher von ihnen er den Sieg zusprechen sollte. Die Anhänger des Aristoteles meinten, dass die Luft das Bild von dem, was gesehen wird, durchdringt und auf das kristallförmige Ding im Auge trifft, das transparent ist und den visuellen Eindruck aufnimmt. Die Geometer und viele Philosophen (etwa Eukleides, *Optik*) argumentierten, dass Strahlen aus den Augen austreten und das Sichtbare erfassen, indem sie es mit den Strahlen der Sonne vergleichen. So wie diese sofort aufleuchten, wenn die Sonne aufgeht, obwohl der Abstand zwischen der Erde und der Sonne groß ist, so erfasst unser Sehen den Himmel sofort, wenn es aufblickt.

(72) Und dort, wo die Sonnenstrahlen hindurchdringen, wird auch das Sehen sein, etwa bei transparenten Körpern, und dort, wo sie am Durchgehen gehindert werden, wird auch die Sicht nicht hindurchgehen, und dort, wo der Sonnenstrahl reflektiert wird, wird eine Gegenreflexion gemacht und das Sehen wird sein wie bei glatten Körpern. Wenn nämlich die Sonne auf reines Wasser scheint, sehen wir die Strahlen von diesem reflektiert, und wenn wir das Wasser sehen, wird unser Sehen reflektiert, so dass uns das erscheint, was sich über dem Wasser und um das Wasser herum befindet. (73) Ebenso wird der Sonnenstrahl an Spiegeln deutlich reflektiert, und zwar so sehr, dass er bei Hohlspiegeln sogar brennt. Das Sehen wird reflektiert, wenn es an unserem Gesicht gegenreflektiert wird, und wir sehen dessen Ebenbild und meinen, in einen Spiegel zu schauen.

Bis zu diesem Punkt waren die umstrittenen Dinge ausgeglichen und gleichwertig. Einer der Geometer aber entdeckte die Reflexion des Sehens im Wasser (Brechung) und zeigte, durch diese sinnliche Wahrnehmung überzeugt, dass diese Zeichen stärker als die Geometer waren. Wenn man nämlich einen Ring, eine Mün-

σμα ἢ ἕτερόν τι τῶν σωμάτων καὶ ἀπομακρυνεῖ ὥστε μὴ τοῦτο ὁρᾶν, ὕδατος ἐπιχεθέντος τούτῳ, ὀφθήσεται. (74) ἐξ οὗ ἐτεκμήραντο ὡς διὰ μὲν τοῦ ἀέρος ἰθυτενῶς ἡ ὄψις δίεισιν, ἐν δὲ τῷ ὕδατι περικλᾶται. διὰ τοῦτο γὰρ καὶ ἡ κώπη ἐν τῷ ὕδατι περικεκλασμένη φαίνεται, τῆς ὄψεως τοῦτο τὸ πάθος ὑφισταμένης καὶ δοκούσης τοῦ ὁρωμένου τοῦτο εἶναι. διὰ ταύτην οὖν τὴν αἰτίαν, ὡς ἐν τοῖς ὀπτικοῖς δείκνυται, ἐν μὲν τῷ ἀέρι ἐφ᾽ ὅσον τὰ ὁρώμενα πορρώτερον ᾖ, μικρότερα φαίνεται, ἐν δὲ τῷ ὕδατι τὸ ἀνάπαλιν. ὅσον γάρ ἐστι βαθύτερον τὸ ὕδωρ, τοσοῦτον τὰ ἐν τῷ βάθει αὐτοῦ μείζονα φαίνεται. ἐξ ὧν δῆλον ὡς ὑγιεστέρα ἐστὶν ἡ δόξα ἡ δι᾽ ἀκτίνων ἀπὸ τῶν ὀφθαλμῶν ἐκπεμπομένων πρεσβεύουσα γίνεσθαι τὴν ὅρασιν. φησὶ δὲ ὁ Πτολεμαῖος ἐν τοῖς ὀπτικοῖς ὅτι αἰθερῶδές τί ἐστι καὶ τῆς πέμπτης οὐσίας τὸ ὀπτικὸν πνεῦμα.

περὶ ἀκοῆς

(75) τὸν ὀφθαλμὸν ὁ δημιουργὸς ὡς ἐκπέμπειν μέλλοντα τὸ ὀπτικὸν πνεῦμα πρὸς τὸ καταλαβεῖν τὰ ὁρατὰ σφαιροειδῆ καὶ προεξέχοντα πεποίηκε· τὰς δὲ λοιπὰς αἰσθήσεις ὡς μελλούσας ἔξωθεν τὰ αἰσθητὰ δέχεσθαι κοίλας εἰργάσατο. ἡ τοίνυν ἀκοὴ ἔξωθεν δέχεται τὸ ἀκουστὸν διὰ μέσου τοῦ ἀέρος. ὁ γὰρ ψόφος πλῆξις ἀέρος ἐστίν, ἡ δὲ φωνὴ ψόφος τις ἔμψυχος. ἐγκατῳκοδόμηται δὲ τοῖς ὠσὶ παρὰ τῆς φύσεως ἀὴρ συμφυὴς πρὸς τὸ ἀκριβῶς αἰσθάνεσθαι πασῶν τῶν διαφορῶν τῆς κινήσεως. ἑλικοειδὲς δὲ ἐδημιουργήθη τὸ τῆς ἀκοῆς ὄργανον πρὸς τὸ μὴ ἀθρόως προσβάλλειν αὐτῇ τοὺς ὑπερβάλλοντας ἤχους καὶ φθείρειν αὐτήν. (76) αἱ γὰρ ὑπερβολαὶ τῶν αἰσθητῶν φθείρουσι τὰς αἰσθήσεις αἱ δὲ τῶν νοητῶν ὑπερβολαὶ οὐ βλάπτουσι τὸν νοῦν, ἀλλὰ μᾶλλον εὐστοχώτερον ποιοῦσι. καὶ γὰρ φωτὸς μὲν ὑπερβολὴ βλάπτει τὴν ὄψιν· καὶ ἦχός τις ὑπερμεγέθης, οἷον ἱστοροῦσι γίνεσθαι ἀπὸ τῶν τοῦ Νείλου καταδούπων, ἀνιᾷ τὴν ἀκοήν· ὁ δὲ νοῦς

ze oder einen anderen Gegenstand in ein hohles Gefäß legt und es so weit entfernt, dass dieser (Gegenstand) nicht gesehen wird, dann wird er, wenn Wasser darauf gegossen wird, sichtbar werden. (74) Daraus wurde deutlich, dass das Sehen zwar durch die Luft hindurchgeht, aber im Wasser gebrochen wird. Deshalb erscheint auch das Ruder im Wasser gebrochen, weil es diesem Zustand des Sehens unterliegt und dieses zu sein scheint. Aus dieser Ursache erscheinen, wie in den optischen (Effekten) gezeigt wird, in der Luft die Dinge kleiner, je weiter sie entfernt sind, im Wasser jedoch umgekehrt. Je tiefer nämlich das Wasser ist, desto größer erscheinen die Dinge in seiner Tiefe. Daraus wird deutlich, dass die Wahrnehmung gesünder ist, die durch von den Augen ausgesandte Strahlen vermittelt, dass das Sehen entsteht. Ptolemaios sagt in seinen optischen Schriften, dass es etwas Ätherisches und das optische Pneuma des fünften Wesens ist.

Hörsinn

(75) Das Auge hat der Schöpfer so gestaltet, dass es das optische Pneuma aussendet, um die sichtbaren, kugelförmigen und hervorstehenden Dinge zu erfassen; die anderen Sinne hat er so geschaffen, dass sie die sinnlich wahrnehmbaren Dinge von außen in einer Höhlung aufnehmen. Das Gehör nimmt das Hörbare von außen durch die Luft auf. Lärm ist eine Erschütterung der Luft, und der Klang ist eine Art belebter Lärm. In den Ohren ist von der Natur aus ein Luftstrom eingebaut, der genau alle Bewegungsunterschiede wahrnehmen kann. Das Organ des Gehörs wurde schneckenförmig geschaffen, damit es nicht plötzlich von übermäßigen Tönen getroffen und zerstört wird. (76) Die Übertreibungen des sinnlich Wahrnehmbaren zerstören nämlich die Sinne, aber die Übertreibungen des verstandesmäßig Erfassbaren schaden dem Verstand nicht, sondern machen ihn treffsicherer. Ein Übermaß an Licht schadet ja dem Sehvermögen und ein überlauter Ton – etwa der, von dem man sagt, dass er von den Wasserfällen des Nils erzeugt wird – schwächt das Gehör; aber der Verstand versteht, wenn er etwas sehr Verständliches erfasst, das weniger Offensicht-

ὅταν τι νοήσῃ σφόδρα νοητόν, οὐχ ἧττον νοεῖ τὰ ὑποδεέστερα, ἀλλὰ καὶ μᾶλλον. αἴτιον δέ, φησὶν Ἀριστοτέλης, ὅτι τὸ μὲν αἰσθητὸν οὐκ ἄνευ σώματος, ὁ δὲ νοῦς χωριστός. ὥσπερ δὲ ἀνακλᾶται τὸ φῶς ὡς προείπομεν ἀπὸ τῶν λείων σωμάτων, οὕτως καὶ ἡ φωνὴ ἀπὸ τῶν κοίλων· καὶ ποιεῖ τὴν λεγομένην ἠχὼ οἱονεί τινα δευτέραν ἀκρόασιν οὖσαν.

περὶ ὀσφρήσεως

(77) τῆς ὁράσεως τελουμένης διὰ πυρώδους φύσεως, τῆς δὲ ἀκοῆς δι᾽ ἀερώδους, ἡ ὄσφρησις γίνεται διὰ μέσης τινὸς φύσεως τοῦ τε ὕδατος καὶ τοῦ ἀέρος ἤτοι ἀτμώδους. τὴν δὲ αἴσθησιν ταύτην οὐκ ἔχομεν οἱ ἄνθρωποι ἀκριβῆ, ἀλλὰ χείρονα πολλῶν ζῴων· φαύλως γὰρ ὁ ἄνθρωπος ὀσμᾶται καὶ οὐδενὸς ὀσφραίνεσθαι δύναται ἄνευ τοῦ λυποῦντος ἢ τοῦ ἡδέος. οὐχ ὥσπερ γὰρ ὁρᾷ τὰ μήτε εὐφραίνοντα μήτε λυποῦντα καὶ ἀκούει ὁμοίως, οὕτω καὶ ὀσφραίνεται. αἴτιον δὲ τούτου τὸ μὴ ἀκριβὲς εἶναι τὸ αἰσθητήριον. (78) πάνυ δὲ εὐφυῶς παρείκασε τοῦτο ὁ Ἀριστοτέλης σκληροφθάλμοις οἳ οὐκ αἰσθάνονται τῆς διαφορᾶς τῶν χρωμάτων πλὴν τῷ φοβερῷ καὶ ἀφόβῳ. διὰ τοῦτο δὲ καὶ ἀπὸ τῶν γεύσεων εἴληφε τὰ ὀσφραντὰ τὰ ὀνόματα· λέγομεν γὰρ γλυκεῖαν ὀσμὴν καὶ δριμεῖαν διὰ τὸ μὴ σφόδρα ταύτην τὴν αἴσθησιν εἶναι διάδηλον. θαυμαστὸν δὲ καὶ τοῦτο ὅτι ὁ μὲν ἄνθρωπος μὴ ἀναπνέων, ἀλλὰ κατέχων τὸ πνεῦμα οὐκ ὀσφραίνεται οὔτε ἐγγύθεν οὔτε πόρρωθεν, πολλὰ δὲ ζῷα ὀσμᾶται ἄνευ τοῦ ἀναπνεῖν· καὶ γὰρ καὶ τὰ ἐν τοῖς ὕδασιν ὀσφραίνεται καὶ τὰ ἄναιμα τῶν ζῴων· καὶ διὰ τοῦτο τὰ ἀναπνέοντα οὐκ ὀσμᾶται ἐν τῷ ὑγρῷ.

περὶ γεύσεως καὶ ἁφῆς

(79) ἡ δὲ γεῦσις γίνεται διὰ φύσεως ὑδατώδους. ἔστι δὲ εἴδη γεύσεων ὀκτώ· τὸ γλυκύ, τὸ πικρόν, τὸ δριμύ, τὸ ὀξύ, τὸ ἁλυκόν, τὸ αὐστηρόν, τὸ στρυφνὸν καὶ τὸ λιπαρόν. ἁπλᾶ μὲν οὖν εἰσι τὰ ἐναντία, τό τε γλυκὺ καὶ τὸ πικρόν· ἐχόμενα δὲ τοῦ μὲν

liche nicht weniger, sondern sogar mehr. Der Grund dafür ist laut Aristoteles (*De anima* III 4,5), dass das sinnlich Wahrnehmbare nicht ohne Körper existiert, während der Verstand getrennt ist. Wie das Licht, wie wir gesagt haben, von glatten Körpern reflektiert wird, so auch der Klang von hohlen Körpern; er erzeugt das sogenannte Echo, das gleichsam eine zweite Art des Hörens darstellt.

Geruchssinn

(77) Das Sehen wird durch eine feuerartige Natur vollendet, das Hören durch eine luftartige, aber das Riechen geschieht durch eine Art mittlerer Natur aus Wasser und Luft oder eher dunstartig. Diesen Sinn haben wir Menschen nicht genau, sondern schlechter als viele Tiere. Der Mensch riecht nämlich schlecht und kann nichts riechen ohne das Betrübliche oder das Angenehme. Nicht so, wie er das sieht, was weder erfreut noch betrübt, und ebenso hört, so riecht er auch. Der Grund dafür ist, dass das Sinnesorgan nicht genau ist. (78) Aristoteles (*De anima* II 9,2) hat dies sehr scharfsinnig denen gegenübergestellt, die eine harte Sehweise haben und die Unterschiede der Farben nicht sinnlich wahrnehmen, außer in Bezug auf das Erschreckende und Nicht-Erschreckende. Deshalb hat er auch die Bezeichnungen für Gerüche von den Geschmäcken übernommen; wir sprechen zum Beispiel von einem süßen und einem scharfen Geruch, weil dieser Sinn nicht sehr deutlich ist. Es ist auch erstaunlich, dass der Mensch, wenn er nicht atmet, sondern den Atem anhält, weder in der Nähe noch in der Ferne riechen kann, während viele Tiere riechen können, ohne zu atmen; auch die im Wasser lebenden und die blutlosen Tiere ja können riechen. Daher können die atmenden (Lebewesen) im Nassen nicht riechen.

Geschmack und Tastsinn

(79) Der **Geschmack** entsteht durch eine wasserartige Natur. Es gibt acht Arten von Geschmäcken: süß, bitter, scharf, sauer, salzig, herb, adstringierend und fettig. Die Gegensätze sind einfach, nämlich das Süße und das Bittere; dem Süßen folgt

γλυκέος τὸ λιπαρόν, τοῦ δὲ πικροῦ τὸ ἁλυκόν, μεταξὺ δὲ τούτων τὰ λοιπά. τὸ μὲν οὖν πικρὸν ῥύπτει τὴν γλῶσσαν σφοδρῶς ὥστε καὶ ξέειν· τὸ δὲ ἁλυκὸν τοιοῦτον ἐργάζεται περὶ αὐτὴν πάθος πλὴν ἔλαττον. τὸ δὲ αὐστηρὸν καὶ τὸ στρυφνὸν πυκνοῦσι ταύτην καὶ συνάγουσιν, ἐπὶ πλέον μὲν τὸ στρυφνόν, ἐπ' ἔλαττον δὲ τὸ αὐστηρόν. τὸ δὲ δριμὺ καὶ τὸ ὀξὺ δάκνουσιν ἄμφω τὴν γλῶσσαν· διεισδύνει δὲ τὸ ὀξὺ ἐπὶ πλεῖστον. τὸ δὲ γλυκὺ καὶ λιπαρὸν λεαίνουσι τὸ τοιοῦτον αἰσθητήριον. (80) τούτων θερμὰ μὲν τό τε πικρὸν καὶ τὸ δριμὺ καὶ τὸ ἁλυκὸν καὶ τὸ γλυκὺ καὶ τὸ λιπαρόν, ψυχρὰ δὲ τό τε στρυφνὸν καὶ τὸ αὐστηρὸν καὶ τὸ ὀξύ. ἔστι δὲ ἡ γεῦσις ἁφή τις, ἔχουσα ταύτης πλεῖον τὸ αἰσθάνεσθαι τῶν γευστῶν.

ἡ δὲ ἁφὴ ἀναγκαιοτέρα ἐστὶ τοῖς ζῴοις τῶν λοιπῶν αἰσθήσεων. ἄνευ γὰρ ταύτης οὐδὲ ζῷον ὅλως ἐστί. καὶ δύναται μὲν αὕτη χωρισθῆναι τῶν ἄλλων αἰσθήσεων, ὡς ἐπὶ τῶν ζῳοφύτων· ταῦτα γὰρ μόνην τὴν ἁφὴν ἔχει· αἱ δὲ λοιπαὶ αἰσθήσεις ἄνευ ταύτης οὐχ ὑφίστανται. ἐν μὲν γὰρ τῷ νοητῷ κόσμῳ τὰ πρῶτα τῶν ἐσχάτων οὐ δέονται πρὸς ὑπόστασιν, μᾶλλον αὐτὰ χορηγοῦντα τούτοις καὶ μεταδιδόντα τῆς οἰκείας αἴγλης διὰ περιουσίαν δυνάμεως· ἐν δὲ τῷ ἐν γενέσει καὶ φθορᾷ κόσμῳ δέονται τὰ τιμιώτερα τῶν ἡττόνων πρὸς ἕδραν καὶ σύστασιν.

(81) ὅσα γὰρ ἔχει τὴν λογικὴν ψυχὴν ἔχει καὶ τὴν ζωτικὴν καὶ τὴν φυτικήν· οὐ μὴν ὅσα ἔχει τι τῶν ὑποδεεστέρων ἤδη κέκτηται καὶ τὸ κρεῖττον. τὸ αὐτὸ δὲ καὶ ἐπὶ τῶν αἰσθήσεων· ὅσα γὰρ ἔχει τὸ τούτων τιμιώτερον, τὴν ὄψιν, ἔχει καὶ τὰς λοιπὰς τέσσαρας· καὶ ὅσα ἔχει ἀκοὴν δευτέραν οὖσαν τῆς ὄψεως τῇ τιμιότητι ἔχει καὶ τὴν ὄσφρησιν καὶ τὴν γεῦσιν καὶ τὴν ἁφήν· καὶ οἷς πρόσεστιν ὄσφρησις, τούτοις καὶ γεῦσις καὶ ἁφή. καὶ ἃ μετέσχε γεύσεως, ἤδη καὶ ἁφῆς, οὐ μὴν ἀντιστρόφως. αἰσθάνεται δὲ ἡ ἁφὴ πολλῶν ἐναντιοτήτων ἤτοι θερμοῦ ψυχροῦ, ὑγροῦ ξηροῦ, σκληροῦ μαλακοῦ, τραχέος λείου, γλίσχρου καὶ κραύρου, βαρέος καὶ κούφου.

das Fettige und dem Bitteren das Salzige, dazwischen liegen die anderen. Das Bittere wirft die Zunge stark zurück, so dass sie sogar austrocknet; das Salzige erzeugt ein ähnliches Gefühl, jedoch weniger stark. Das Herbe und das Adstringierende verdichten und ziehen (die Zunge) zusammen, das Adstringierende mehr, das Herbe weniger. Das Scharfe und das Saure beißen beide die Zunge; das Saure dringt am stärksten ein. Das Süße und das Fettige glätten dieses Sinnesorgan. (80) Von diesen sind das Bittere, das Scharfe, das Salzige, das Süße und das Fettige warm, das Adstringierende, das Herbe und das Saure kalt. Der Geschmack ist eine Art Tastsinn, die mehr sinnliche Wahrnehmung für die Geschmäcke als jener hat.

Der **Tastsinn** ist für die Tiere notwendiger als die anderen Sinne, denn ohne ihn gibt es überhaupt kein Tier. Dieser kann von den anderen Sinnen getrennt existieren, wie bei den tierähnlichen Pflanzen, denn diese haben nur den Tastsinn. Die anderen Sinne können ohne diesen nicht bestehen. In der Welt des Verstands benötigen nämlich die ersten Dinge die letzten nicht für ihre Existenz, sondern sie versorgen diese vielmehr und übertragen ihnen ihre eigene Herrlichkeit durch einen Überschuss an Kraft; in der Welt der Entstehung und des Verfalls benötigen jedoch die edleren Dinge die geringeren für ihre Basis und Struktur.

(81) Alles, was die vernünftige Seele hat, das hat auch die lebendige und die pflanzliche Seele; aber nicht alles, was eine der niedrigeren Formen hat, verfügt auch über die höhere. Das Gleiche gilt für die Sinne: Alles, was den edleren hat, das Sehen, hat auch die anderen vier (Sinne); und was das Hören hat, das nach dem Sehen in der Wertschätzung an zweiter Stelle steht, hat auch den Geruch, den Geschmack und den Tastsinn; und die, denen Geruch zu eigen ist, haben auch Geschmack und Tastsinn. Was Geschmack besitzt, hat auch Tastsinn, aber nicht umgekehrt. Der Tastsinn nimmt viele Gegensätze wahr, nämlich heiß und kalt, feucht und trocken, hart und weich, rau und glatt, schleimig und spröde, schwer und leicht.

(82) ἐπαποροῦσι δέ τινες εἰ τὸ βαρὺ καὶ τὸ κοῦφον τῇ ἁφῇ διαγινώσκεται διὰ τὸ μὴ δύνασθαι ἡμᾶς διὰ μόνου τοῦ ἅπτεσθαι τοῦ προκειμένου σώματος γνῶναι εἰ βαρὺ ἢ κοῦφόν ἐστι. καὶ λέγομεν ὅτι ταύτῃ μόνῃ τῇ αἰσθήσει διαγινώσκεται, ἐπεὶ οὐδεμία τῶν λοιπῶν τεσσάρων διακρῖναι τὸ βάρος δύναται καὶ τὴν κουφότητα· αἴτιον δὲ τοῦ μὴ ἐκ μόνου τοῦ ἅπτεσθαι διαγινώσκειν ἡμᾶς τὴν τοιαύτην ἐναντιότητα, ὅτι αἱ αἰσθήσεις οὐ πρότερον ἀντιλαμβάνονται τῶν αἰσθητῶν, πρὶν ἂν πάθωσιν ὑπ' αὐτῶν· πρὶν δὲ ἆραι τὸ βαρὺ καὶ τὸ κοῦφον, οὐ πάσχει τι ἡ τοιαύτη αἴσθησις ὑπ' αὐτῶν. ἔστι δὲ διεσπαρμένη καὶ ἐν παντὶ τῷ σώματι, καὶ οὐχ ὥσπερ αἱ λοιπαὶ αἰσθήσεις ἐν ἑνὶ τόπῳ, εἰ καὶ ἐν τῷ θέναρι τῆς χειρός ἐστι πλείων, διὸ καὶ ἄτριχον ἐδημιουργήθη.

περὶ νοῦ

(83) αἰσθήσεων πέντε οὐσῶν τῆς ψυχῆς, καθάπερ καὶ τοῦ σώματος, ἤτοι νοῦ, διανοίας, δόξης, φαντασίας καὶ αἰσθήσεως, ὁ νοῦς ἐπέχει τὴν πρώτην τάξιν χρώμενος ταῖς λοιπαῖς ὡς ὑπηρέτισιν. ἁπλαῖς γὰρ ἐπιβολαῖς τὰ ὄντα νοεῖ μὴ παραποδιζόμενος ὑπὸ τῆς ὑλικῆς παχύτητος. διὰ τοῦτο γὰρ καὶ ὁ Φιλόπονός φησιν ὡς διανοίᾳ καὶ δόξῃ καὶ φαντασίᾳ καὶ αἰσθήσει ζῶμεν οἱ ἄνθρωποι, τοῦ δὲ νοῦ οἷον ἴχνη τινὰ καὶ ἰνδάλματα διαβέβηκεν εἰς ἡμᾶς. οὗτος γὰρ ἀμέσως τὰ ὄντα νοεῖ καὶ ἄνευ τινὸς κινήσεως· στάσει γὰρ ἔοικε μᾶλλον ἢ κινήσει. καὶ διὰ τοῦτο οἱ ἐμβριθέστεροι τῶν ἀνθρώπων καὶ νουνεχέστεροι. Πλάτων δὲ καὶ Ἀριστοτέλης φασὶν ὅτι ὥσπερ ἡ ὄψις δεῖται φωτὸς πρὸς τὸ διενεργῆσαι τὴν οἰκείαν ἐνέργειαν, οὕτω καὶ ὁ νοῦς δεῖται πρὸς τὸ νοεῖν τοῦ πρώτου νοῦ. (84) ὡς γὰρ ὁράσεως οὔσης καὶ ὁρατοῦ, εἰ μὴ τρίτον προσῇ τὸ φῶς, μάτην ἔσται ταῦτα, οὕτως ἐπὶ τοῦ νοῦ καὶ τοῦ νοητοῦ, εἰ μὴ ἐπιλάμψῃ ὁ πρῶτος νοῦς ὃς

(82) Einige stellen die Frage, ob Schwere und Leichtigkeit durch den Tastsinn erkannt werden können, da wir nicht allein durch das Betasten eines vorgelegten Körpers wissen können, ob er schwer oder leicht ist. Wir sagen, dass dies nur durch diesen Sinn erfasst wird, da keiner der anderen vier Sinne das Gewicht und die Leichtigkeit unterscheiden kann. Der Grund, warum wir diese Gegensätzlichkeit nicht allein durch Betasten erkennen können, ist, dass die Sinne das sinnlich Wahrnehmbare nicht wahrnehmen, bevor sie von ihnen beeinflusst werden; bevor wir das Schwere und das Leichte heben, erfährt dieser Sinn keine Einwirkung von ihnen. Der (Tastsinn) ist über den gesamten Körper verteilt und nicht wie die anderen Sinne an einem Ort konzentriert, obwohl er in der Handfläche stärker ist, weshalb sie auch haarlos geschaffen wurde.

Verstand

(83) Es gibt fünf Sinne der Seele, so wie auch des Körpers, nämlich Verstand, Gedanken, Meinung, Vorstellungskraft und Wahrnehmung. Unter diesen nimmt der Verstand die erste Stelle ein, wobei er die anderen als Diener nutzt. Durch einfache Zuwendungen versteht er ja das Seiende, ohne durch die materielle Dichte gestört zu werden. Deshalb sagt (Johannes) Philoponos (*In Aristotelis de anima* III 16) auch, dass wir Menschen durch Gedanken, Meinung, Vorstellungskraft und Empfindung leben, der Verstand aber gewissermaßen Spuren und Abbilder in uns hinterlassen hat. Er versteht nämlich das Seiende unmittelbar und ohne jegliche Bewegung; er scheint eher stillzustehen als sich zu bewegen. Und deshalb sind die ernsthafteren Menschen auch die verständigeren. Platon (*Respublica* p. 506e ff.) und Aristoteles (*De anima* III 5,2) sagen, dass so wie das Sehen Licht benötigt, um seine eigene Aktivität auszuüben, auch der Verstand zum Verständnis den ersten Verstand benötigt. (84) Wie nämlich bei der Sicht und dem Sichtbaren – wenn nicht als Drittes das Licht hinzukommt, sind diese nutzlos –, so ist es auch beim Verstand und dem Verstandenen: Wenn nicht der erste Verstand, der der Son-

ἀνάλογος τῷ ἡλίῳ ἐστίν, οὐ δύναται ὁ νοῦς ἐνεργεῖν τὴν οἰκείαν ἐνέργειαν. συγκατατίθεται δὲ τούτοις καὶ ὁ μέγας Γρηγόριος λέγων ὡς καθάπερ ὁ ἥλιος παρέχει τῇ ὄψει τὸ ὁρᾶν, οὕτω δὴ καὶ τὸ θεῖον τῷ νῷ τὸ νοεῖν. μὴ γοῦν ὑποληπτέον ἐνταῦθα τὸ νοεῖν ἐπὶ τῶν γεηρῶν τούτων καὶ ὑλικῶν. ταῦτα γὰρ αἱ αἰσθήσεις καταλαμβάνουσι καὶ ἡ φαντασία καὶ ἡ δόξα· ὁ δὲ νοῦς νοεῖ τὰ νοητά· ἕκαστον γὰρ οἰκείᾳ γνώσει διαγινώσκεται· τὰ νοητὰ τῷ νῷ, τὰ δοξαστὰ τῇ δόξῃ, τὰ αἰσθητὰ ταῖς αἰσθήσεσιν. ὁ δ' Ἀριστοτέλης καὶ τρεῖς ὑποτίθησιν παρ' ἡμῖν νόας· τὸν δυνάμει νοῦν, ὃν καὶ ὑλικὸν καλεῖ καὶ ἀγράφῳ γραμματείῳ ἀπεικάζει αὐτόν, οὕτως ὀνομάζων τὴν πρὸς τὸ νοεῖν ἐπιτηδειότητα, τὸν ἐν ἕξει, ὅτε ἡ δηλωθεῖσα ἐπιτηδειότης εἰς ἐνέργειαν ἥξῃ, καὶ τὸν θύραθεν ὃν παρομοιοῖ τῷ ἡλιακῷ φωτί.

(85) οὐχ ὥσπερ δὲ ἡ αἴσθησις αἰσθητοῦ μὴ ὑποτεθέντος οὐκ ἐνεργεῖ, οὕτω καὶ ὁ νοῦς νοητοῦ μὴ ὄντος· κἂν γὰρ μηδέν τι ᾖ ὃ νοήσει, ἐπιστρέφεται πρὸς ἑαυτὸν καὶ νοεῖ αὐτὸς ἑαυτόν. ἡ δὲ τούτου νόησις ἀχρόνως ἐπιγίνεται. ὅτε γὰρ διανοεῖται, οὐ νοεῖ, ἡνίκα δὲ ἅψηται τοῦ νοουμένου, ἀχρόνως νοεῖ, ὥσπερ εἴπομεν καὶ ἐπὶ τῆς ὄψεως καὶ ἐπὶ τοῦ ἡλιακοῦ φωτός.

εἰ δὲ βούλει διαγνῶναι ὡς θεῖόν τι τὸ χρῆμα αὐτοῦ, ἐννόησόν πως τὴν μίαν νόησιν ἀμερῆ οὖσαν καὶ ἀχρόνως ὡσανεὶ ἐπιλάμψασαν, ἐκφράσαι μέλλοντες ὅσον ἐμμένομεν τῇ ἐκφράσει καιρόν, λέξεσι διαφόροις καὶ συλλαβαῖς τὸ ἀμερὲς κατατέμνοντες νόημα, καὶ ὅσας ἐπιστήμας ἐν τῷ νῷ ἔχομεν ἡνωμένας ὁμοῦ καὶ ἐν ἀμερεῖ διῃρημένας, μήτε τῆς ἑνώσεως ἑκάστης τὸ εἶδος συγχεούσης, μήτε τῆς διαιρέσεως τὴν ἕνωσιν κωλυούσης.

ne analog ist, aufleuchtet, kann der Verstand seine eigene Tätigkeit nicht ausüben. Dem stimmt auch der große Gregorios (von Nazianz, *Oratio* 44,12: PG 36, 609) zu, indem er sagt, dass, wie die Sonne dem Auge das Sehen ermöglicht, so auch das Göttliche dem Verstand das Denken. Daher sollte man sollte hier nicht annehmen, dass sich das Denken auf diese groben und materiellen Dinge bezieht, denn diese werden von den Sinnen, der Vorstellungskraft und der Meinung erfasst. Der Verstand hingegen erfasst die verstehbaren Dinge, denn jedes wird durch seine eigene Erkenntnis unterschieden: das Verstehbare durch den Verstand, das Meinbare durch die Meinung, das Wahrnehmbare durch die Sinne. Aristoteles stellt uns drei Arten von Verstand vor: den potenziellen Verstand, den er auch materiellen nennt und mit einem unbeschriebenen Blatt gleichsetzt, indem er so dessen Eignung zum Denken bezeichnet, den aktiven (Verstand), wenn die erwähnte Eignung zur Tätigkeit wird, und den von außen kommenden (Verstand), den er mit dem Sonnenlicht vergleicht.

(85) Anders als die Wahrnehmung, die nicht aktiv ist, wenn kein wahrnehmbares Objekt vorliegt, ist der Verstand mit dem Verstehbaren nicht so, denn selbst wenn es nichts gibt, was er denken kann, wendet er sich zu sich selbst und denkt über sich selbst nach. Und diese Wahrnehmung des Verstands geschieht zeitlos, denn wenn er nachdenkt, denkt er nicht; aber wenn er das Gedachte berührt, denkt er zeitlos, so wie wir es auch über das Sehen und das Sonnenlicht gesagt haben.

Wenn du aber erkennen willst, dass etwas Göttliches in seinem Wesen ist, bedenke, wie die eine Wahrnehmung, die unteilbar ist, gleichsam zeitlos aufleuchtet; wenn wir versuchen, diese darzustellen, während wir uns an der Darstellung festhalten, zerteilen wir das unteilbare Verständnis mit verschiedenen Worten und Silben. Und (bedenke auch), wie viele Wissenschaften wir im Geist vereint und in Unteilbarkeit getrennt haben, ohne dass jede Vereinigung ihre Form verwirrt oder jede Trennung die Vereinigung verhindert hat.

λόγος πέμπτος
περὶ τῆς πρώτης αἰτίας τῶν ὄντων καὶ τῆς ἀπ' αὐτῆς διηκούσης ἐνταῦθα προνοίας

(86) τοῦ μὲν εἶναι Θεὸν ποιητὴν ὁμοῦ πάντων καὶ προνοητὴν αἱ αὐτοφυεῖς τῶν ἀνθρώπων μαρτυροῦσιν ἔννοιαι. οὐ γὰρ μόνον οἱ δόγματα ἔχοντες, ἀλλὰ καὶ βάρβαροι καὶ θρησκείας ἀνήκοοι καὶ θηριώδεις ἄνθρωποι ἐν περιστάσεσι γινόμενοι ἀνατείνουσι φύσει ἄνωθεν τὴν διάνοιαν καὶ τὰς χεῖρας εἰς οὐρανοὺς ἐξαπλοῦσι κἀκεῖθεν αἰτοῦνται βοήθειαν.

ἐπεὶ δ' οὐκ ἔστι μέτρον ἀναιδείας οὐδὲν ὃ μὴ ὑπερβέβηκεν ἡ ἀνθρωπεία φύσις, ἐτόλμησάν τινες τῶν ἀφρόνων εἰπεῖν ὡς οὐκ ἔστι θεός. διὰ γοῦν τοὺς τοιούτους δεικτέον τὸ πάντων φανερώτατον, τὸ εἶναι θεόν· ὁρῶμεν οὖν πάντα τὰ δημιουργήματα μὴ ἁπλῶς καὶ ὡς ἔτυχεν ὄντα, ἀλλ' ἕνεκά τινος γεγονότα καὶ πρός τι τέλος ἀφορῶντα. (87) καὶ ἓν μὲν ἢ δύο οὕτω συμπεσεῖν ἀπὸ τύχης ἐνδέχεται· τὸ δὲ πάντα ἕνεκά του γεγονέναι ἐκ ταὐτομάτου γενέσθαι ἀδύνατον. καὶ ἐπὶ μὲν τῆς τῶν ζῴων κατασκευῆς πλείστην ἂν εὕροι τις καὶ ἀνεκδιήγητον σοφίαν καὶ μάλιστα ὁ τήν τε ἀνατομὴν καὶ τὸ περὶ χρείας μορίων ἐξησκηκώς, ἐπὶ δὲ τῶν στοιχείων καὶ τῶν οὐρανίων σωμάτων τελεώτερόν τε καὶ καθολικώτερον. καὶ ὅρα μοι τοῦτο ἐπὶ τοῦ ἡλίου· εἰ γὰρ ἐν τῷ τῆς σελήνης τόπῳ ἐτέθη, ἅπαντα ἂν ταῖς ἀκτῖσι κατέφλεξεν· εἰ δὲ ἐν τῇ τῶν ἀπλανῶν σφαίρᾳ, ὡς ἀστὴρ μόνον ἐφαίνετο. ἀλλὰ καὶ ἡ σελήνη εἰ ἦν ἔνθα ὁ ἥλιος, οὐδ' ὡς ἀστὴρ ἂν ἐφαίνετο· οἱ δὲ ἀπλανεῖς εἰ ἐν τῇ σεληνιακῇ ἐτέθησαν σφαίρᾳ, οὐδ' ἡ τούτων θέα ἦν φορητή· εἰ δὲ ἐν τῇ ἀνάστρῳ, ἄδηλοι πάντῃ ἡμῖν ἦσαν.

Buch V
Die erste Ursache der Seienden und die hier von ihr ausgehende Vorsehung

(86) Dass Gott alles gemacht und vorbedacht hat, bezeugen die natürlich vorhandenen Gedanken der Menschen. Nicht nur diejenigen, die Lehren haben, sondern auch die Barbaren und diejenigen, die keiner Religion folgen, und sogar die tierähnlichen Menschen richten, wenn sie in Schwierigkeiten geraten, ihre Gedanken von Natur aus nach oben, heben ihre Hände zum Himmel und bitten um Hilfe von dort.

Da es aber keine Grenzen der Dreistigkeit gibt, welche die menschliche Natur überschritten hat, haben einige Unvernünftige zu sagen gewagt, dass es keinen Gott gibt. Deshalb muss gerade diesen Leuten das Offensichtlichste gezeigt werden: die Existenz Gottes. Wir sehen ja alle geschaffenen Dinge nicht nur als einfach und zufällig an, sondern als aufgrund einer bestimmten Absicht entstanden und einen bestimmten Zweck anzielend. (87) Dass eines oder zwei Dinge aufgrund des Zufalls zusammentreffen, kann man annehmen, aber dass alles von sich aus und von selbst besteht, ist unmöglich. In Bezug auf die Schaffung der Lebewesen könnte ein jeder, vor allem derjenige, der Anatomie und den Nutzen der Körperteile studiert hat, unbeschreibliche Weisheit finden, in Bezug auf die Elemente und die Himmelskörper aber noch Vollständigeres und Allgemeineres. Betrachte mir dies am Beispiel der Sonne: Wenn sie an den Ort des Mondes gestellt wäre, würde sie alles mit ihren Strahlen verbrennen; wäre sie hingegen an der Kugel der Fixsterne (s. o. 32), würde sie nur als Stern erscheinen. Wenn der Mond aber wäre, wo die Sonne ist, würde er nicht als Stern erscheinen. Und wenn sich die Fixsterne an der den Mond tragenden Kugel befänden, wäre wohl diese Schau nicht erträglich, wenn an der sternenlosen (Ku-

(88) ταῦτα γοῦν καὶ τὰ ὅμοια ἄπειρα ὄντα ἀναφανδὸν ἡμῖν παριστῶσιν οἷόν ἐστι τὸ θεῖον τήν τε χρηστότητα καὶ τὴν δύναμιν καὶ τὴν σοφίαν. τὸ μὲν γὰρ ἐθέλειν κοσμεῖν ἅπαντα καὶ μηδενὶ φθονεῖν τῶν ἀγαθῶν ἄκρας δεῖγμα χρηστότητος, τὸ δὲ καὶ δρᾶν πάνθ' ὅσα προείλετο ἀπείρου δυνάμεως, τὸ δὲ καὶ ἑκάστῳ τὸν προσήκοντα ἐπιθεῖναι κόσμον καὶ τάξιν τὴν οἰκείαν καὶ λυσιτέλειαν, σοφίας ὑπερφυοῦς. ὅλως τε τὰ μέτρα τῆς ἀντιστάσεως τὰ συμπληροῦντα τὸν κόσμον ὥστε ἰσοπαλῆ μένειν καθάπερ ἐν ζυγοῦ πλάστιγγι τηρούμενα ἰσόρροπα καὶ μήτε ἐπὶ θάτερον κλίνοντα μήτε ἀπὸ τῆς ἐξ ἴσου διαμαχομένης ἐναντιώσεως ἐξιστάμενα, ἀριδηλότατον ἐμφαίνει τὴν τούτου συνεκτικὴν δύναμιν. πρὸς τούτοις πῶς οἷόν τε τεχνητὸν ἄνευ τεχνίτου γενέσθαι ἢ ἡρμοσμένον χωρὶς τοῦ συναρμόσαντος; οὐδὲ γὰρ εἰ μὴ ὁρῶμεν τὸν τῆς οἰκίας οἰκοδόμον, ἤδη καὶ ὑπονοεῖν δεῖ ὡς αὐτομάτως αὕτη συνέστη καὶ δίχα τοῦ οἰκοδομήσαντος.

(89) δεδειγμένου τοίνυν ἔκ τε τούτων καὶ ἐξ ἑτέρων πλειόνων τοῦ εἶναι δημιουργόν, ἕπεται ἐξ ἀνάγκης τὸ καὶ τῶν δημιουργημάτων προνοεῖσθαι. εἰ γὰρ ἐχέφρων ἀνὴρ τῶν οἰκείων προμηθεῖται ἔργων, πολλῷ μᾶλλον τὸ ὑπὲρ ἡμᾶς. μᾶλλον δὲ τῶν ἄλλων ὡς ἀσθενῶν προνοεῖται τῶν ἡμετέρων, ὥσπερ ἡμεῖς τῶν παίδων πλεῖον προνοούμεθα διὰ τὴν τούτων ἀδυναμίαν ἢ τῶν ἀνδρῶν. τὴν οὖν τοιαύτην πρόνοιαν καί τις τῶν παρ' Ἕλλησι σοφῶν ἀνυμνῶν φησι· πάντων παρεκτικὸν ἐκεῖνο τὸ ἕν, πάντων σωστικόν, πάσης οὐσίας ὕπαρξιν ἔχον ἀληθεστέραν καὶ πάσης γνώσεως τρανεστέραν, οὐ μεριζόμενον τοῖς γνωστοῖς οὐδὲ κινούμενον περὶ αὐτά. τούτων γὰρ ἡ ψυχικὴ καὶ νοερὰ γνῶσις ἔχει τὰς ἰδιότητας, ἐκεῖνο δὲ τὸ ἓν μένει ἀμετάβατον ἅμα καὶ ἀδιαίρετον καὶ γινώσκει πάντα τὸν αὐτὸν τρόπον καὶ οὐκ ἄνθρωπον μόνον καὶ ἥλιον καὶ πᾶν ὁτιοῦν τοιοῦτον, ἀλλὰ καὶ ἕκαστον τῶν καθ' ἕκαστα.

gel), wären alle für uns unsichtbar. (88) Solche und ähnliche Dinge, die als unbegrenzt aufgefasst werden, belegen uns, von welcher Art das Göttliche in Hinsicht auf den Nutzen, die Macht und die Weisheit ist. Das Wollen, alles zu schmücken (*kosmein*) und niemandem etwas zu neiden, ist das höchste Zeichen der Nützlichkeit; alles zu tun, was man sich vorgenommen hat, (ist ein Zeichen) unendlicher Macht und jedem den ihm zukommenden Schmuck (*kosmos*) und die eigene Ordnung und Nützlichkeit zu geben, eines übernatürlicher Weisheit. Überhaupt zeigt die Ausgewogenheit der Kräfte, welche die Welt (*kosmos*) vervollständigen und sie in einem Gleichgewicht halten, wie in einer Waagschale, und weder nach der einen noch nach der anderen Seite neigen oder aus dem gleichmäßigen Widerstand der entgegengesetzten Kräfte herausfallen, in aller Deutlichkeit die zusammenhaltende Kraft dessen auf. Wie könnte zudem etwas Kunstvolles ohne einen Künstler entstehen oder in harmonischer Weise ohne denjenigen, der es in Harmonie gebracht hat? Ja, selbst wenn wir den Baumeister des Hauses nicht sehen, müssen wir bereits annehmen, dass es von selbst und ohne denjenigen, der es gebaut hat, nicht bestehen kann!

(89) Da nun aus diesen und vielen anderen Dingen die Existenz eines Schöpfers bewiesen worden ist, folgt zwangsläufig, dass er auch für die Geschöpfe sorgt. Wenn nämlich ein vernünftiger Mensch für seine eigenen Angelegenheiten sorgt, dann umso mehr er (der Schöpfer) für uns. Und er sorgt mehr für die anderen, etwa die Schwachen, als für uns, so wie wir uns mehr um unsere Kinder aufgrund ihrer Unfähigkeit kümmern als um die Erwachsenen. Die derartige Vorsorge preist einer der Weisen bei den Griechen (vgl. Plotin, *Enneades* V 1,6–12) und sagt: Von allem der Darreicher ist dieses Eine, von allem der Erretter, von allem Wesen hat es die wahrere Existenz und von aller Erkenntnis die klarere, ungeteilt mit den Erkannten und sich nicht um sie bewegend. Deren psychische und verstandesmäßige Erkenntnis hat ihre Eigenheiten, jenes Eine aber bleibt unveränderlich und zugleich untrennbar und kennt alles auf die gleiche Weise, nicht nur den Menschen und die Sonne und alles Ähnliche, sondern auch jedes Einzelne in seiner Einzigartigkeit.

(90) οὐδὲν γὰρ ἐκφεύγει τὸ ἓν ἐκεῖνο, κἂν τὸ εἶναι λέγῃς κἂν τὸ γινώσκεσθαι· οὕτως ἡ τῆς προνοίας ἑνιαία γνῶσις ἐν τῷ αὐτῷ μέρει πάντων ἐστὶ τῶν μεριζομένων γνῶσις καὶ τῶν ἀτομωτάτων ἑκάστου καὶ τῶν ὁλικωτάτων. ὅτι δὲ ἀσώματον τὸ θεῖον καὶ ἀμερὲς δῆλον. πᾶν γὰρ σῶμα πεπερασμένην ἔχει τὴν δύναμιν, καὶ τὸ μέρη ἔχον, πολλὰ καὶ οὐχ ἕν· καὶ εἰ ἔστιν ἡ φύσις καὶ ἡ ψυχὴ καὶ ὁ νοῦς ἀσώματα καὶ ἀμερῆ, πολλῷ γε μᾶλλον τὸ αἴτιον αὐτῶν. ὁ μὲν οὖν ἰδιώτης ἐν σώματι θέμενος τὰ ὄντα ἡγεῖται τὰ ἀσώματα μὴ ὄντα, ἀγνοῶν ὡς μᾶλλον τὰ σώματα τοῦ μὴ ὄντος πλεῖον ἢ τοῦ ὄντος μετέχει διὰ τὸ ἔνυλον. (91) ὁ δὲ φιλόσοφος τὸ σῶμα οἱονεί τινα ἔκστασιν ἑαυτοῦ πεπονθέναι νομίζει. καὶ ὡς ἀδυνατοῦν μένειν ἐν ἑαυτῷ εἰς μέγεθος ἐχύθη σκιδνάμενον καὶ πόρρωθεν ἑαυτοῦ γενόμενον. ἔστιν οὖν τὸ θεῖον ἀσώματον. οἶδε δὲ τὰ ὄντα ὧν ἐστιν αἴτιον οὐ μεταβατικῶς καθάπερ ἡμεῖς, νῦν μὲν τόδε, νῦν δὲ τόδε, ἀλλ' ὁμοῦ πάντα. καὶ τὰ μὲν ἔγχρονα ἀχρόνως, τὰ δὲ μεριστὰ ἀμερίστως καὶ τὰ διῃρημένα ἀδιαιρέτως, καὶ τὰ πεπληθυσμένα ἑνοειδῶς, τὰ δὲ ἐνδεχόμενα ἀναγκαίως. ἄλλα μὲν οὖν ἄλλων αἴτια, αὐτὸ δὲ πάντων αἴτιον τῶν αἰτίων.

ἐννόησον γάρ μοι ζωὴν μεγίστου φυτοῦ διὰ παντὸς ἐλθοῦσαν τῆς ζωῆς μενούσης καὶ οὐ σκεδασθείσης, ἀλλὰ ἐν ῥίζῃ ἱδρυμένης· ἣ παρέσχε μὲν τὴν πολλὴν ζωὴν τῷ φυτῷ, ἔμεινε δ' αὐτὴ οὐ πολλὰ οὖσα, ἀλλ' ἀρχὴ τοῖς πολλοῖς. (92) πρόεισι δ' ἐκ τῆς ἀρχῆς ἕκαστα μενούσης. καὶ τὰ μὲν πλησίον τῆς ῥίζης, τὰ δὲ προϊόντα πόρρω ἐσχίζετο, καὶ μέχρι κλάδων καὶ καρπῶν καὶ φύλλων. καὶ τὰ μὲν ἔμεινεν ὡς οἱ κλῶνες· τὰ δ' ἐγίνετο διηνεκῶς ὡς οἱ καρποὶ καὶ τὰ φύλλα· καὶ τὰ γινόμενα ἀεὶ εἶχε τοὺς τῶν ἄνωθεν λόγους οἷον μικρὰ δένδρα βουληθέντα γίνεσθαι.

καὶ θαῦμα οὐδέν· ἢ καὶ θαῦμα, πῶς τὸ πλῆθος τῆς ζωῆς ἐκ πλήθους ἦν. καὶ οὐκ ἦν τὸ πλῆθος, εἰ μὴ τὸ πρὸ τοῦ πλή-

(90) Nichts entgeht ja jenem Einen, sei es das Sein oder das Erkanntwerden; so ist die einheitliche Erkenntnis der Vorsehung in dem selben Teil sowohl die Erkenntnis aller teilbaren Dinge als auch jedes der unteilbarsten und der ganzheitlichsten. Dass das Göttliche körperlos und unteilbar ist, ist offensichtlich. Jeder Körper hat eine begrenzte Macht und Teile, viele und nicht Eines; und wenn Natur und Seele und Verstand körperlos und unteilbar sind, so sind sie noch viel eher der Grund dafür. Der Laie setzt daher die Dinge in den Körper und hält das Körperlose für nicht existent, ohne zu wissen, dass die Körper mehr am Nicht-Sein als am Sein teilhaben, aufgrund ihrer materiellen Art. (91) Der Philosoph hingegen glaubt, dass ein Körper eine gewisse Verrückung seiner selbst erfährt. Da er nicht in der Lage ist, in sich selbst in seiner Größe zu bleiben, wurde er zerstreut ausgegossen und entfernte sich von sich selbst. Das Göttliche ist also körperlos. Aber es kennt die Dinge, von denen es die Ursache ist, nicht auf transitorische Weise wie wir – jetzt dieses, dann jenes -, sondern alles gleichzeitig. Zeitbezogene Dinge sind zeitlos, geteilte unteilbar, getrennte untrennbar, vielfältige einheitlich und mögliche notwendig. Einige Dinge sind daher Ursachen für andere, aber dieses Eine ist die Ursache von allen Ursachen.

Bedenke mir nämlich, dass das Leben eines großen Baumes unaufhörlich aus dem Leben hervorquillt und nicht zerstreut ist, sondern in der Wurzel verankert. Diese hat dem Baum zwar viel Leben gegeben, ist aber selbst nicht in großem Maße vorhanden, sondern der Ursprung der Vielen. (92) Alles geht aus diesem Ursprung hervor und bleibt in ihm. Manche bleiben nahe bei der Wurzel, andere kommen weiter hervor und teilen sich in Triebe, Früchte und Blätter auf. Manche bleiben wie Zweige, andere entwickeln sich ständig wie Früchte und Blätter. Und das Entstandene hat ja jeweils die Proportion (*logos*) von oben, wie etwa Bäume, die (wieder) zu kleinen (Bäumen) werden wollen.

Und es ist kein Wunder; oder doch ein Wunder, wie die Fülle des Lebens aus der Fülle war. Und es gab keine Fülle, wenn nicht das

θους ἦν· οὐ γὰρ μερίζεται εἰς τὸ πᾶν ἡ ἀρχή· μερισθεῖσα γὰρ ἀπώλεσεν ἂν καὶ τὸ πᾶν. διὸ καὶ ἡ ἀναγωγὴ πανταχοῦ ἐφ' ἕν· εἰ δὲ τῷ ὄντι ἓν λάβῃς, εἴληφας τὴν ἀρχὴν καὶ πηγὴν πάντων. ἧς φυσικῶς πάντα ἐφίεται καὶ ταύτης ἕνεκα ἥ τε φύσις ὅσα σοφίζεται δρᾷ καὶ ὁ οὐρανὸς φυσικῷ τινι ἔρωτι τὴν ὑπερφυῆ ποιεῖται κίνησιν καὶ πάντα εἰς ἀπογεννήσεις πρόεισι μιμούμενα τὴν γόνιμον δύναμιν τῆς τοιαύτης ἀρχῆς, οὐ τὰ ἔμψυχα μόνον ἀλλὰ καὶ τὰ ἄψυχα. μεταδιδόασι γὰρ καὶ ταῦτα ἑαυτῶν καθόσον τούτοις δυνατόν· θερμαίνει γὰρ τὸ πῦρ καὶ ψύχει ἡ χιὼν καὶ τὰ φάρμακα τὰς ἰδίας ἐνεργείας ἐν τοῖς σώμασι δρᾷ. (93) καὶ καθάπερ ὁ ἥλιος κέντρον τῶν ἰδίων ἐστὶν ἀκτίνων ἐξ αὐτοῦ πασῶν ἐρχομένων καὶ τούτου αὖθις ἀνηρτημένων καὶ περὶ αὐτὸν οὐσῶν, οὕτω δὴ ἐκ θεοῦ τὰ πάντα καὶ εἰς αὐτὸν ἐπιστρέφεται πάντα καὶ περὶ αὐτὸν ἅπαντα. ἡ γοῦν τοιαύτη μακαρία φύσις οὐχ ἡμῖν μόνον ἀκατάληπτος, ἀλλὰ καὶ τοῖς ὑπερκοσμίοις ἅπασιν, ἐκ τῶν περὶ αὐτὴν νοουμένη, ἀλλ' οὐκ ἐκ τῶν κατ' αὐτήν.

ἐννόησον τοίνυν οὐσίαν ἀένναον, κατὰ δύναμιν ἄπειρον, ἀκάματόν τε καὶ ἄτρυτον, οὐδαμῇ μὲν ἐλλείπουσαν, ὑπερζέουσαν δὲ τῇ ἀκραιφνεστάτῃ ζωῇ, ἐν αὐτῇ τε ἱδρυμένην καὶ κεκορεσμένην ἐξ ἑαυτῆς, ἑνιαίως τε πάντα εἰδυῖαν καὶ ἀμερῶς. ὥσπερ γὰρ ἐν τῷ κέντρῳ πᾶς ὁ κύκλος κεντρικῶς, εἴπερ αἰτία τὸ κέντρον αὐτοῦ, καὶ ἐν τῇ μονάδι πᾶς ἀριθμὸς μοναδικῶς, οὕτως ἐν τῷ τῆς προνοίας ἑνί ἑνιαίως τὰ πάντα. καὶ εἰ εἶχε γνῶσιν τὸ κέντρον τοῦ κύκλου, κεντρικὴν ἂν εἶχε ταύτην καὶ οὐκ ἂν ἐμέριζεν αὐτὴν τοῖς τοῦ κύκλου μέρεσι.

(94) πάντα γοῦν ὀρέγεται καὶ ἐφίεται τῆς τοιαύτης ἀνάγκῃ φύσεως ὥς προείπομεν, καθάπερ ἴσως ἀποτετευγμένα ὀφείλει λέγειν ὡς ἄνευ ταύτης οὐ δύνανται συστῆναι. ἀλλ'

vor der Fülle war, denn der Ursprung teilt sich nicht in das Ganze; wenn er geteilt würde, dann würde er auch das Ganze verlieren. Deshalb (führt) die Rückführung überall auf das Eine zurück; und wenn du wirklich das Eine ergreifst, hast du den Ursprung und die Quelle von allem ergriffen. Nach dieser strebt alles von Natur aus und um ihretwillen tut die Natur alles, was sie an Weisheit besitzt, und der Himmel vollführt seine übernatürliche Bewegung aus einer Art natürlicher Liebe und alles strebt nach Zeugung, indem es die fruchtbare Kraft eines solchen Ursprungs nachahmt, nicht nur als Beseelte, sondern auch als Unbeseelte. Auch diese geben ja (etwas) von sich, so weit es ihnen möglich ist, denn das Feuer wärmt und der Schnee kühlt und die Medikamente üben ihre eigene Wirkung in den Körpern aus. (93) Und so, wie die Sonne das Zentrum ihrer eigenen Strahlen ist, von dem alle ausgehen und zu dem sie wieder zurückkehren und um das sie herum sind, so (kommen) auch alle Dinge aus Gott und wenden sich alle zu ihm zurück und sind alle um ihn herum. Die selige Natur ist jedenfalls nicht nur für uns unergründlich, sondern auch für alle überweltlichen (Wesen), erkennbar aus den Dingen, die um sie herum sind, aber nicht aus denen, die ihr eigen sind.

Bedenke also ein unvergängliches Wesen, unendlich in seiner Macht, unermüdlich und unverletzlich, das nirgends fehlt, aber die unvermischteste Art des Lebens überkocht, in sich selbst gegründet und aus sich selbst erfüllt, alles in Einheit wahrnehmend und ungeteilt. So nämlich wie in der Mitte jeder Kreis sein Zentrum hat, da das Zentrum seine Ursache ist, und so, wie in der Monade jede Zahl ihre Einheit hat, so sind in dem Einen der Vorsehung alle Dinge einheitlich. Und wenn das Zentrum des Kreises Wissen hätte, würde es dieselbe Zentriertheit haben und sich nicht in Teile des Kreises aufteilen.

(94) Jedenfalls sehnt sich und strebt alles nach der solchen Notwendigkeit der Natur, wie wir gesagt haben, so wie man, wenn sie vielleicht verfehlt würde, sagen sollte, dass es ohne diese nicht bestehen kann. Aber die einen ertragen aus Nachlässigkeit nichts

οἱ μὲν διὰ ῥᾳθυμίαν οὐδέν τι νοεῖν τῶν ἀΰλων ἀνέχονται, οἱ δὲ καὶ μετρίως τούτων ἁψάμενοι ἀπαλλάττονται· πολὺ γὰρ τὸ πλάτος τῶν ἀσωμάτων οὐσιῶν. οἷον πρὸ μεγάλου βασιλέως πρόεισι μέν τινα πρῶτα ἐν ταῖς προόδοις· ἀεὶ δὲ τὰ μείζω καὶ τὰ σεμνότερα ἐπ' αὐτοῖς καὶ τὰ περὶ τὸν βασιλέα ἤδη βασιλικώτερα. εἶτα τὰ μετ' αὐτὸν τίμια· ἐφ' ἅπασι δὲ τούτοις βασιλεὺς προφαίνεται αὐτὸς ὁ μέγας. οἱ δ' εὔχονται καὶ προσκυνοῦσιν ὅσοι μὴ προαπῆλθον ἀρκεσθέντες τῇ θέᾳ τῶν πρὸ τοῦ βασιλέως ὀφθέντων. ἐκεῖ γοῦν ὁ βασιλεὺς ἄλλος, οὐκ ἀλλοτρίων ἄρχων, ἀλλ' ἔχων τὴν δικαιοτάτην καὶ φύσει ἀρχὴν καὶ τὴν ἀληθῆ βασιλείαν, ἅτε βασιλεὺς ὢν τῆς ἀληθείας καὶ κατὰ φύσιν κύριος τῶν οἰκείων δημιουργημάτων, βασιλεὺς βασιλέων καὶ πατὴρ κυριώτερον καλούμενος.

(95) ἔστι μὲν οὖν καὶ ζῇ καὶ νοεῖ, φησί τις τῶν σοφῶν, ὡς ζωῆς αἴτιος καὶ τοῦ νοῦ καὶ τοῦ εἶναι. εἴ τις οὖν οὕτως εὐτυχήσει ὡς μέχρι τοῦδε τοῦ ἀγαθοῦ καταντῆσαι, ποίους ἂν ἴσχοι ἔρωτας, ποίους δὲ πόθους, βουλόμενος αὐτῷ συγκερασθῆναι· ὅσον δ' ἐκπλαγείη, μεθ' οἵας ἡδονῆς θείου θάμβους ἐμπιπλώμενος καὶ ἐρῶν τὸν ἀληθῆ ἔρωτα καὶ τοὺς δριμεῖς πόθους. καὶ διὰ τοῦτο τῶν ἄλλων ἐρώτων καταγελᾷ καὶ τῶν πρόσθεν νομιζομένων καλῶν καταφρονεῖ· ὑπέρκαλον γὰρ τὸ ἐρώμενον καὶ αὐτάγαθον καὶ ἄκρον τῶν ἐφετῶν. ἄξιος μὲν οὖν ὕμνος τῆς τοιαύτης ὑπερουσίου οὐσίας οὐδὲ παρὰ τῶν ἀσωμάτων δυνάμεων τελεῖσθαι δύναται. ἵλεως δὲ ἡμῖν γένοιτο τολμήσασί τι ὅλως περὶ ταύτης εἰπεῖν.

αὕτη γοῦν ἡ τρισυπόστατος οὐσία ἡ ἐν μονάδι ὁμοῦ καὶ τριάδι προσκυνουμένη δοίη τῇ ἐπιεικείᾳ σου μακραίωνα βιοτήν, ῥῶσιν σὺν εὐθυμίᾳ καὶ τὴν τῶν οὐρανῶν ἀληθῆ βασιλείαν καὶ μὴ διαλίποι γῆ καὶ θάλασσα τῆς θείας ἐπαπολαύουσα γαληνότητος.

von dem Substanzlosen, die anderen aber, die sich mäßig damit befassen, entziehen sich dem. Die Breite der immateriellen Wesen ist ja groß! Wie vor einem großen König treten einige zuerst in den Prozessionen auf, aber immer folgen die größeren und ehrwürdigeren Dinge und die Dinge um den König herum sind königlicher. Dann werden die nach ihm kommenden Dinge geehrt; über all diesen erscheint er selbst, der große König. Es beten aber und verehren all diejenigen, die mit Anblick der vor dem König Erschienenen nicht zufrieden waren. Dort ist der König ja ein anderer, nicht der Herrscher über Fremdes, sondern er besitzt die gerechteste und natürliche Herrschaft und die wahre Königsherrschaft, da er der König der Wahrheit ist und von Natur aus der Herr seiner eigenen Schöpfungen, ein König der Könige, und wird in noch höherem Sinne als Vater bezeichnet

(95) Er existiert also, lebt und denkt, wie einige der Weisen sagen, als Ursache des Lebens, des Verstands und des Seins. Wenn also jemand so glücklich sein sollte, bis zu diesem Guten zu gelangen, welche Arten von Liebesgefühlen und Sehnsüchten könnte er haben, wenn er beabsichtigt, sich mit ihm zu vereinen? Und wie sehr würde er erstaunt sein, wenn er, von solcher Freude erfüllt, von göttlicher Verzückung ergriffen wird und den wahren Eros und die heftigen Sehnsüchte empfindet! Er verspottet deshalb die anderen Liebesgefühle und verachtet diejenigen, die zuvor als schön betrachtet wurden. Das Geliebte ist nämlich überaus schön, von sich aus gut und das höchste der Wünsche. Ein angemessener Hymnus auf ein so erhabenes Wesen kann nicht einmal von körperlosen Kräften vollendet werden. Möge er uns, die wir etwas darüber zu sagen wagen, huldvoll sein.

Daher möge dieses aus drei Hypostasen bestehende Wesen, das zugleich in der Einheit und der Dreifaltigkeit verehrt wird, Euch, Euer Gnaden, ein langes Leben gewähren, Gesundheit zusammen mit Frohsinn, die wahre Königsherrschaft des Himmels, und mögen Erde und Meer nicht vergehen, welche die göttliche heitere Ruhe genießen.

Für das Mitlesen der Korrekturen danke ich meiner lieben Frau Christiane. Meine zweisprachige Ausgabe von Aristoteles' Buch *Über die Welt* (Berlin 2019) ist unserem Enkel Amadeus gewidmet, dieses Buch nun seinem Bruder Jeremias.

Erfurt, im November 2023

Kai Brodersen

Anhang

Weiterführende Litearatur

Zu Symeon Seth

Beck, H.-G.: Geschichte der byzantinischen Volksliteratur, Handbuch der Altertumswissenschaft 12.2.3, München 1971 (41–45)

Brunet, M.-E.-P.-L.: Simeon Seth, médecin l'empereur Michel Doucas. Sa vie, son oeuvre, Diss. (med.) Bordeaux 1939

Gautier, P.: Le Typikon du Christ Sauveur Pantokrator, in: Revue des Études Byzantines 32, 1974, 1–145 (114–115 zum »Haus des Seth«)

Hohlweg, A.: Seth, in: Buchwald, W. / Hohlweg, A. / Prinz, O.: Tusculum-Lexikon griechischer und lateinischer Autoren, 3. Aufl. München 1982, 723–724

Hunger, H.: Die hochsprachliche profane Literatur der Byzantiner, Bd. 2, Handbuch der Altertumswissenschaft 12.5.2, München 1978 (308–309)

Jacobs, J.: Jewish Diffusion of Folk-Tales, in: Jacobs, J.: Jewish Ideals, and Other Essays, London und New York 1896, 135–161

Magdalino, P.: The Byzantine Reception of Classical Astrology, in: Holmes, C. / Waring, J. (Hgg.): Literacy, Education and Manuscript Transmission in Byzantium and Beyond, The Medieval Mediterranean 42, Leiden 2002, 33–57

– The Porphyrogenita and the Astrologers, in: Dendrinos, Ch. u. a. (Hgg.): Porphyrogenita. Essays on the History and Literature of Byzantium and the Latin East in Honour of Julian Chrysostomides, Aldershot und Burlington 2003, 15–31

Reinsch, D. R.: Anna Komnene, Alexias, 2. Aufl. Berlin und New York 2001

Schroeter, J. Fr.: Spezieller Kanon der zentralen Sonnen- und Mondfinsternisse, Kristiania 1923

Volk, R.: Symeon 13, in: Lexikon des Mittelalters, Bd. 8, München 1997, 365–366

Zur *Ernährungskunde*

Bloch, I.: Byzantinische Medizin, in: Puschmann, Th. / Neuburger, M. / Pagel, J. L. (Hgg.): Handbuch der Geschichte der Medizin, Bd. 1, Jena 1902, 492–567

Brodersen, K.: Symeon Seth, Das A und O vom Essen und Trinken, Wiesbaden 2022 (zweisprachige Ausgabe)

Harig, G.: Von den arabischen Quellen des Simeon Seth, in: Medizinhistorisches Journal 2, 1967, 248–268

Helmreich, G.: Handschriftliche Studien zu Symeon Seth, Programm Gymnasium Ansbach 1912/13, Ansbach 1913

Langkavel, B.: Simeonis Sethi Syntagma de alimentorum facultatibus, Leipzig 1868

Lauritzen, F.: Between the Past and the East. Symeon Seth's Nutritional Advice for Michael VII Doukas, in: Pitarakis, Brigitte (Hg.): Life Is Short, Art Long. The Art of Healing in Byzantium (Hayat Kisa, Sanat Uzun. Bizans'ta Şifa Sanati), Pera Museum Publications 73, Istanbul 2015, 124–133

Moore, P.: Iter Psellianum, Subsidia Mediaevalia 26, Toronto 2005

Varella, E. A.: Orientalische Elemente in der byzantinische Heilkunde, in: Medicina nei Secoli NS 7, 1995, 29–40

Volk, R.: Einige Beiträge zur mittelgriechischen Nahrungsmittelterminologie, in: Hörander, W. / Trapp, E. (Hgg.): Lexikographica Byzantina, Byzantina Vindobonensia 20, Wien 1989, 293–311

Zum *Fabelbuch*

Anton, M.: Stephanites und Ichnelates, in: Ranke, K. / Brednich, R. W. u. a. (Hgg.): Enzyklopädie des Märchens, Bd. 12, Berlin 2007, 1240–1243

Brodersen, K.: Symeon Seth, Fabelbuch, Opuscula 2, Speyer 2021 (zweisprachige Ausgabe)

Cheikho, L.: La version arabe de Kalilah et Dimnah, d'après le plus ancien manuscrit arabe daté, Beirut 1905, 2. Aufl. 1923

Condylis-Bassoukos, H.: Stéphanitès kai Ichnélatès, traduction grecque (XIe siècle) du livre Kalīla wa-Dimna d'Ibn al-Muqaffa' (VIIIe siècle), Fonds René Draguet 11, Löwen 1997

Grotzfeld, H. / Grotzfeld, S. / Marzolph, U.: Kalila und Dimna, in: Ranke, K. u. a. (Hgg.): Enzyklopädie des Märchens, Bd. 7, Berlin 1993, 888–895

Husselman, E.: A Fragment of Kalilah and Dimnah from Ms. 397 in the Pierpont Morgan Library, Studies and Documents 10, London 1939

Krönung, B.: The Wisdom of the Beasts. The Arabic Book of Kalīla and Dimna and the Byzantine Book of Stephanites and Ichnelates, in: Cupane, C. / Krönung, B. (Hgg.): Fictional Storytelling in the Medieval Eastern Mediterranean and Beyond, Brill's Companions to the Byzantine World 1, Leiden 2016, 427–460

Niehoff-Panagiotidis, J.: Übersetzung und Rezeption. Die byzantinisch-neugriechischen und altspanischen Versionen von Kalila wa Dimna, Serta Graeca 18, Wiesbaden 2003

Puntoni, V.: Στεφανίτης καὶ Ἰχνελάτης, Quattro recensioni della versione greca del kitāb Kalīla wa-Dimna, Pubblicazioni della Societa Asiatica Italiana 2, Florenz 1889

Sjöberg, L.-O.: Stephanites und Ichnelates, Studia Graeca Upsaliensia 2, Stockholm u. a. 1962

Sternai Saraceno, E.: Kalila et Dimna a Constantinople et dans l'Italie de la Renaissance, in: Uhlig, M. / Foehr-Janssens, Y. (Hgg.): D'Orient en Occident. Les recueils de fables enchâssées avant les Mille et une Nuits de Galland,

Cultural Encounters in Late Antiquity and the Middle Ages 16, Turnhout 2014, 393–407

Zu den *kleineren Schriften*

Bouras-Vallianatos, P.: Galen in Byzantine Medical Literature, in: Bouras-Vallianatos, P. / Zipser, B. (Hgg.): Brill's Companion to the Reception of Galen, Brill's Companions to Classical Reception 17, Leiden 2019, 86–110

– / Xenophontos, S.: Galen's Reception in Byzantium. Symeon Seth and his Refutation of Galenic Theories on Human Physiology, in: Greek, Roman, and Byzantine Studies 55, 2015, 459–463 (Edition des *Antirrhetikos*)

Cronier, M. u. a.: Galien en procès a Byzance. L'Antirrhétique de Syméon Seth, in: Galenos 9, 2015, 71–121 (konkurrierende Edition des *Antirrhetikos*)

Delatte, A.: Anecdota Atheniensia et alia, Bd. 2, Lüttich und Paris 1939 (91–126 Edition der Schrift *Über den Nutzen der Himmelskörper*)

Schmid, M.: Eine Galenkontroverse des Simeon Seth, in: XVIIe Congrès International d'Histoire de la Médecine, Bd. 1, Athen 1960, 491–495

Zur *Naturkunde*

Delatte, A.: Anecdota Atheniensia et alia, Bd. 2, Lüttich und Paris 1939 (17–89)

Ideler, J. L.: Physici et medici Graeci minores, Bd. II, Berlin 1842 (283–285: Einzeledition von *Naturkunde* 77–82)

Migne, J.-P.: Patrologiae cursus completus, Series Graeca 122, Paris 1889

Seebode, G.: Μιχαὴλ Ψέλλου ἐπιλύσεις σύντομοι φυσικῶν ζητημάτων. Quibus nunc primum editis memoriam artis typographicae ante hos quadringentos annos feliciter inventae, Gotha 1840 (Teil 1)

– Μιχαὴλ Ψέλλου ἐπιλύσεις σύντομοι φυσικῶν ζητημάτων. Eine Festgabe seinem ... Lehrer August Boeckh ... dargebracht, Wiesbaden 1857 (Teil 2)

Wolle, S.: Aufbruch in die Stagnation: Die DDR in den Sechzigerjahren, Bonn 2005

Datenbank zur Textüberlieferung

Pinakes – Institut de recherche et d'histoire des textes (Paris): https://pinakes.irht.cnrs.fr

Von Symeon Seth als bekannt vorausgesetzte Autoren und Werke (mit Verweis auf den zitierenden Abschnitt in der *Naturkunde*)

Aristoteles, *Analytica posteriora* (Detel, W.: Aristoteles Werke in deutscher Übersetzung 3 II: Analytica posteriora, Berlin 1993 u. ö.) I 22 p. 83a: 58; *De anima* (Theiler, W.: Aristoteles Werke in deutscher Übersetzung 13: Über die Seele, Berlin 1959 u. ö.) II 1,5.9: 68; II 9,2: 78; III 4,5: 76; III 5,2: 83; *De caelo* (Jori, A.: Aristoteles Werke in deutscher Übersetzung 12.III: Über den Himmel, Berlin 2009) I 2–3: 36; II 7–8: 42; II 7,2: 39; *Meteorologica*

(Strohm, H.: Aristoteles Werke in deutscher Übersetzung 12.I: Meteorologie, Berlin 1970) I 3, 12 ff.: 50; III 5,1: 35; *Physica* (Wagner, H.: Aristoteles Werke in deutscher Übersetzung 11: Physikvorlesung, Berlin 1967 u. ö.) II 1,2: 59; IV 6–8: 34; IV 13,8: 66; VII 4: 36; VIII 1: 39

Eukleides, *Optica* (Heiberg, J. L.: Euclidis Opera Omnia 7: Optica etc. Leipzig 1895, mit lateinischer Übersetzung): 71

Galen, *De simplicium medicamentorum temperamentis et facultatibus* (Kühn, K. G.: Claudii Galeni opera omnia. Bd. XI–XII, Leipzig 1826: XI 379–892 und XII 1–377; Neuausgabe in Vorbereitung): S. 10

Gregor von Nazianz, *Orationes* (Migne, J.-P.: Patrologiae cursus completus, Series Graeca 36, Paris 1858, 309–332 und 607–622): 38,7: 65; 44,12: 84

Homer, *Ilias* (Ebener, D.: Homer, Werke, Bd. I, Weimar und Berlin 1976) 8,485–486: 48

Johannes Philoponos, *De aeternitate mundi* (Rabe, H.: Ioannes Philoponus. De aeternitate mundi contra Proclum, Leipzig 1899; mit Übersetzung: Scholten, C.: Fontes Christiani 65.I–V, Turnhout 2009–2011) 114ff.: 65; 409 ff.: 57; *In Aristotelis de anima* (Hayduck, M.: Commentaria in Aristotelem Graecae 15: Ioannis Philoponi in Aristotelis de anima libros commentaria, Berlin 1897) III 16: 83; *In Aristotelis physica* (Vitelli, G.: Commentaria ... 16–17: Ioannis Philoponi in Aristotelis physicorum libros, Berlin 1887–1888) IV 11 p. 724: 65

Platon (Eigler, G.: Platon, Werke in 8 Bänden, Darmstadt 1977 u. ö.), *Parmenides* p. 129d: 58; *Philebus* p. 29a: 37; *Respublica* p. 506e: 83; *Timaeus* p. 32c: 37; p. 41b: 39; p. 52b: 56

Plotin, *Enneades* (Harder, R.: Plotins Schriften, 6 Bde. Hamburg 1956–1971 u. ö.) V 1,6–12: 89

Plutarch, *Placita philosophorum* (*Moralia* 874d–919d) (Mau, J.: Plutarchi moralia, vol. 5.2.1, Leipzig 1971): 1

Proklos, *In Platonis Timaeum commentaria* (Van Riel, G.; Procli diadochi in Platonis Timaeum commentaria, 5 Bde. Oxford 2022): II 43 und 136 D: 37

Ptolemaios, *Almagest / Syntaxis mathematica* (Heiberg, J. L.: Claudii Ptolemaei opera quae exstant omnia, Bd. I 1–2, Leipzig 1898–1903) V 16: 46; *Tetrabiblos / Apotelesmatica* (Boer, E. / Boll, F.: Claudii Ptolemaei opera quae exstant omnia, Bd. III 1, Leipzig 1940) I 14: 40

Simplikios, *In Aristotelis de caelo commentaria* (Heiberg, J. I.: Commentaria in Aristotelem Graeca 7: Simplicii in Aristotelis de caelo commentaria, Berlin 1894) I 2 p. 26,35: 36

Stephanos von Alexandreia (Usener, H.: De Stephano Alexandrino, Bonn 1880 = Kleine Schriften, Bd. III, Leipzig und Berlin 1914, 247–322) p. 253: 63

Stoiker *SVF* I 493ff. (von Arnim, H.: Stoicorum Veterum Fragmenta, Bd. I, Leipzig 1905, 111–113): 57